高新技术科普丛书（第3辑）

百智千能荟新厦

——智慧城市的智能建筑

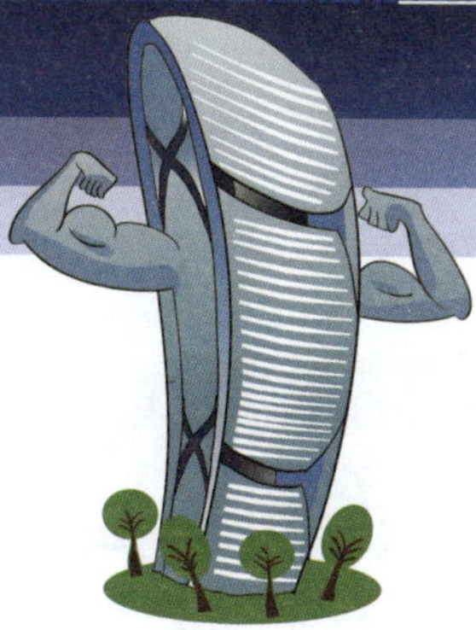

主编　区穗陶

SPM 南方出版传媒
广东科技出版社｜全国优秀出版社
·广　州·

图书在版编目（CIP）数据

百智千能荟新厦：智慧城市的智能建筑 / 区穗陶主编．—广州：广东科技出版社，2015.7（2022.11重印）

（高新技术科普丛书．第3辑）

ISBN 978-7-5359-6072-6

Ⅰ．①百…　Ⅱ．①区…　Ⅲ．①智能化建筑—普及读物　Ⅳ．① TU18-49

中国版本图书馆 CIP 数据核字（2015）第 051039 号

百智千能荟新厦——智慧城市的智能建筑

Baizhiqianneng Huixinsha——Zhihuichengshi de Zhinengjianzhu

丛书策划：崔坚志

责任编辑：罗孝政　尉义明　区燕宜　于 焦

装帧设计：柳国雄

责任校对：冯思婧

责任印制：彭海波

出版发行：广东科技出版社

（广州市环市东路水荫路 11 号　邮政编码：510075）

销售热线：020-37607413

http://www.gdstp.com.cn

E-mail: gdkjbw@nfcb.com.cn（编务室）

经　　销：广东新华发行集团股份有限公司

印　　刷：广州市东盛彩印有限公司

（广州市增城区新塘镇太平洋工业区十路2号　邮政编码：510700）

规　　格：889mm×1 194mm　1/32　印张 5　字数 120 千

版　　次：2015 年 7 月第 1 版

2022年11月第 4 次印刷

定　　价：33.00 元

《高新技术科普丛书》（第3辑）编委会

本套丛书的创作和出版由广州市科技创新委员会、广州市科技进步基金会资助，由广东省科普作家协会组织审阅。

序一

PREFACE

精彩绝伦的广州亚运会开幕式，流光溢彩、美轮美奂的广州灯光夜景，令广州一夜成名，也充分展示了广州在高新技术发展中取得的成就。这种高新科技与艺术的完美结合，在受到世界各国传媒和亚运会来宾的热烈赞扬的同时，也使广州人民倍感自豪，并唤起了公众科技创新的意识和对科技创新的关注。

广州，这座南中国最具活力的现代化城市，诞生了中国第一家免费电子邮局；拥有全国城市中位列第一的网民数量；广州的装备制造、生物医药、电子信息等高新技术产业发展迅猛。将这些高新技术知识普及给公众，以提高公众的科学素养，具有现实和深远的意义，也是我们科学工作者责无旁贷的历史使命。为此，广州市科技创新委员会与广州市科技进步基金会资助推出《高新技术科普丛书》。这又是广州一件有重大意义的科普盛事，这将为人们提供打开科学大门、了解高新技术的“金钥匙”。

丛书内容包括生物医学、电子信息以及新能源、新材料等三大板块，有《量体裁药不是梦——从基因到个体化用药》《网事真不如烟——互联网的现在与未来》《上天入地觅“新能”——新能源和可再生能源》《探“显”之旅——近代平板显示技术》《七彩霓裳新光源——LED与现代生活》以及关于干细胞、生物导弹、分子诊断、基因药物、软件、物联网、数字家庭、新材料、电动汽车等多方面的图书。

我长期从事医学科研和临床医学工作，深深了解生物医学对于今后医学发展的划时代意义，深知医学是与人文科学联系最密切的一门学科。因此，在宣传高新科技知识的同时，要注意与人文思想相结合。传播科学知识，不能视为单纯的自然科学，必须融汇人文科学的知识。这些科普图书正是秉持这样的理念，把人文科学融汇于全书的字里行间，让读者爱不释手。

丛书采用了吸收新闻元素、流行元素并予以创新的写法，充分体现了海纳百川、兼收并蓄的岭南文化特色。并按照当今“读图时代”的理念，加插了大量故事化、生活化的生动活泼的插图，把复杂的科技原理变成浅显易懂的图解，使整套丛书集科学性、通俗性、趣味性、艺术性于一体，美不胜收。

我一向认为，科技知识深奥广博，又与千家万户息息相关。因此科普工作与科研工作一样重要，唯有用科研的精神和态度来对待科普创作，才有可能出精品。用准确生动、深入浅出的形式，把深奥的科技知识和精邃的科学方法向大众传播，使大众读得懂、喜欢读，并有所感悟，这是我本人多年来一直最想做的事情之一。

我欣喜地看到，广东省科普作家协会的专家们与来自广州地区研发单位的作者们一道，在这方面成功地开创了一条科普创作新路。我衷心祝愿广州市的科普工作和科普创作不断取得更大的成就！

中国工程院院士 钟南山

序二

PREFACE

让高新科学技术星火燎原

21 世纪第二个十年伊始，广州就迎来喜事连连。广州亚运会成功举办，这是亚洲体育界的盛事；《高新技术科普丛书》面世，这是广州科普界的喜事。

改革开放 30 多年来，广州在经济、科技、文化等各方面都取得了惊人的飞跃发展，城市面貌也变得越来越美。手机、电脑、互联网、液晶电视大屏幕、风光互补路灯等高新技术产品遍布广州，让广大人民群众的生活变得越来越美好，学习和工作越来越方便；同时，也激发了人们，特别是青少年对科学的向往和对高新技术的好奇心。所有这些都使广州形成了关注科技进步的社会氛围。

然而，如果仅限于以上对高新技术产品的感性认识，那还是远远不够的。广州要在 21 世纪继续保持和发挥全国领先的作用，最重要的是要培养出在科学领域敢于突破、敢于独创的领军人才，以及在高新技术研究开发领域勇于创新的尖端人才。

那么，怎样才能培养出拔尖的优秀人才呢？我想，著名科学家爱因斯坦在他的“自传”里写的一段话就很有启发意义：“在 12 ~ 16 岁的时候，我熟悉了基础数学，包括微积分原理。这时，我幸运地接触到一些书，它们在逻辑严密性方面并不太严格，但是能够简单明了地突出基本思想。”他还明确地点出了其中的一本书：“我还幸运地从一部卓越的通俗读物（伯恩斯坦的《自然科学通俗读本》）中知道了整个自然领域里的主要成果和方法，这部著作几乎完全局限于定性的叙述，这是一部我聚精会神地阅读了的著作。”——实际上，除了爱因斯坦以外，有许多著名科学家（以至社会科学家、文学家等），也都曾满怀感激地回忆过令他们的人生轨迹指向杰出和伟大的科普图书。

由此可见，广州市科技创新委员会与广州市科技进步基金会，联袂组织奋斗在科研与开发一线的科技人员创作本专业的科普图书，并邀请广东科普作家指导创作，这对广州今后的科技创新和人才培养，是一件具有深远战略意义的大事。

这套丛书的内容涵盖电子信息、新能源、新材料以及生物医学等领域，这些学科及其产业，都是近年来广州重点发展并取得较大成就的高新科技亮点。因此这套丛书不仅将普及科学知识，宣传广州高新技术研究和开发的成就，同时也将激励科技人员去抢占更高的科技制高点，为广州今后的科技、经济、社会全面发展作出更大贡献，并进一步推动广州的科技普及和科普创作事业发展，在全社会营造出有利于科技创新的良好氛围，促进优秀科技人才的茁壮成长，为广州在 21 世纪再创高科技辉煌打下坚实的基础！

中国科学院院士 张景中

前言

FOREWORD

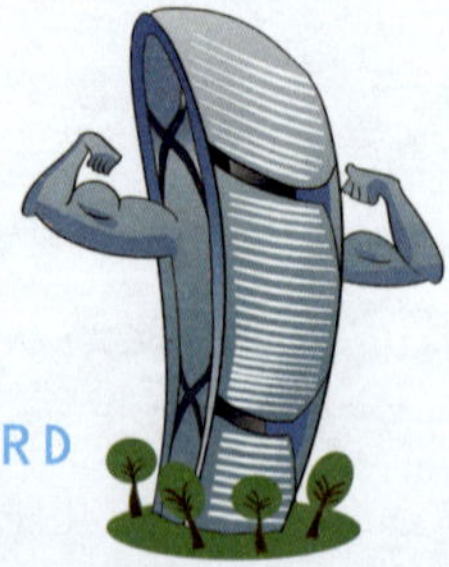

随着人们对生活环境质量要求的不断提高，生活与工作节奏的不断加快，用传统建筑概念进行的建筑设计及提供的服务已不能满足现代社会发展和人们对生活及工作环境的要求。以电子计算机以及计算机网络为代表的信息化技术的不断成熟，使得人们能够运用信息技术把建筑物内以往“独自为政”的子系统进行统一管理，并赋予更人性化的功能，从而出现了智能建筑。

智能建筑自20世纪末出现以来，一直高速迅猛发展。我国先后在2000年及2008年颁布了两部《智能建筑设计标准》，有力地规范和推动了我国智能建筑产业的发展。据统计，我国智能建筑行业市场在2005年首次突破200亿元之后，一直以每年20%以上的速度高速增长，2013年市场规模突破了千亿元大关。智能建筑也从办公建筑向所有大型公共建筑甚至工业建筑延伸，广州近年新落成的大型建筑无一不花巨资进行智能化建设，如广州西塔、广州白云国际会议中心等。

近年来，智慧城市建设以及环保节能的绿色技术越来越得到政府与社会的重视。智能建筑可以称为智慧城市躯体上的细胞，是智慧城市的重要组成部分，智慧城市的很多终端功能都需要在智能建筑中实施和体现。而智能化技术为绿色建筑提供了有力的技术支撑。绿色、智能，体现了人类对现代生存环境在安全舒适、节约能源、减少污染方面的追求，这为智能建筑的发展注入了新的活力。

本书采用拟人的类比手法，通过历史典故及日常生活熟悉的事例，深入浅出地向读者传递什么是智能建筑，智能建筑里有什么，智能化技术怎么应用在不同的建筑中，今后的智能建筑将是什么样子等科普知识，使读者能更好地理解和享受智慧城市带来的便利。

目录
CONTENTS

一 为钢筋水泥添上智慧

二 智能建筑的大脑和神经

三 智能建筑的五脏六腑

四 智能建筑的免疫系统

五　智能建筑的绿色梦想

一　为钢筋水泥添上智慧

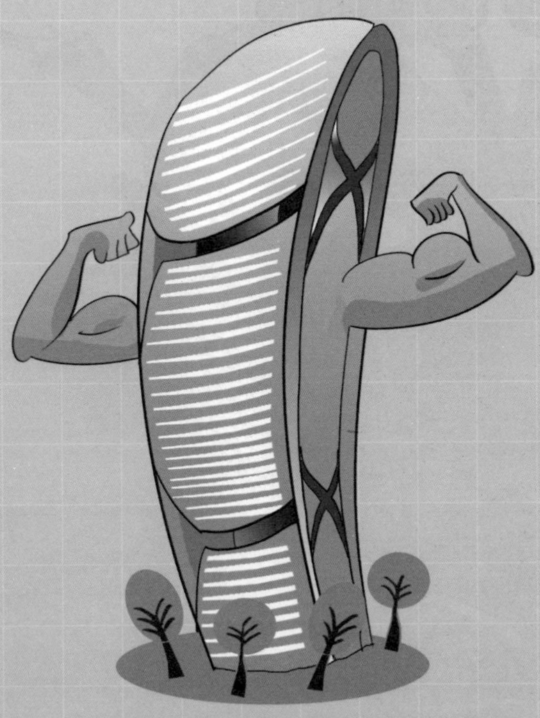

小故事

在远古时代，人类主要群居在天然的洞穴中。随着人口的增加以及活动范围的扩大，天然洞穴已经不能满足人们生产及生活的需要了，部分的先驱者开始走出山洞过着天当被地当床的流浪生活。他们夏观流萤飞舞，冬赏雪花飘飘，看上去非常浪漫，事实上毒虫、猛兽以及恶劣的气候时刻都威胁着他们的生命。

传说在这些先驱者中有位“有志青年”叫有巢氏，他天天在绞尽脑汁想方设法去解决群众的“住房问题”。一天，有巢氏叼着条草根正躺在树丫上打瞌睡，突

然一阵叽叽喳喳的声音把他惊醒了，他睁开惺忪的眼睛看到两只小鸟正叼着树枝在对面的树上筑巢。刹那间犹如醍醐灌顶，困扰有巢氏多时的问题终于找到了答案。他马上叫人砍来了树木，用青藤、草绳并排固定在树上，再铺上茅草就成了舒适的“床”，在“床”的上方再用树枝、茅草铺成一个可以遮雨的棚子，这样就建成了人类历史上的第一座房子。

由于房子建在树上可有效防止猛兽的袭击，人们终于可以安稳地睡觉了，有了雨棚也终于不用过忍受日晒雨淋的日子了，于是生活质量有了飞跃性的提高，人类文明又上了一个台阶。伴随着人类文明的发展，建筑的功能也从单纯的遮风挡雨向着居住、办公、娱乐、商业等多功能发展，建筑也带给人们更多的舒适、安全与便捷。在20世纪80年代，随着微电子技术的发展，催生出一个崭新的概念——智能建筑。

1 智能建筑的起源

建筑是人类的第三层皮肤

大家知道什么是人体最大的器官吗？不是脑袋也不是肝脏，正确答案是：皮肤！没想到吧，成人皮肤的表面积可达2米^2。皮肤能保护人体不容易受到各种物理的、化学的伤害，帮助人体抵御细菌等微生物的入侵，协助体温中枢进行体温调节，还具有感觉、分泌排泄、呼吸等重要的功能。

人的皮肤温度一般维持在33℃左右，如果没有衣物阻碍，29℃的气温能使皮肤达到最佳的散热平衡，人体会感觉最舒适。高于这个温度，人体需要通过扩张皮肤毛孔、排汗及加速皮下血液流动等方式加速散热；低于这个温度人体会通过收缩毛孔、减少皮下血液流动等方式以减少热量的散失。通过这些调节，使人体内温度稳定在 37℃。

根据考古推测，人类起源于热带雨林周边较温暖湿润的地区。这些地区的常年气温维持在 29℃左右，这恰好是既无衣着又无房屋的“裸猿”感觉舒适的温度。衣服为人提供了更好的保暖能力和抵御外界伤害的能力，因此被称为人的第二层皮肤。

然而，衣服的保暖能力毕竟有限，而且过厚的衣服也会妨碍人的活动，使人感觉不舒服。房屋的出现，使人类适应自然环境的能力有了质的飞跃，人类的活动范围也从热带向温带甚至寒带发展。房屋使人们通过火等手段调节环境的气温成为可能，坚固的房屋隔绝了风雨的侵扰，也使人类再也不惧虎狼等猛兽的袭击，就像一层具有超强调节能力和保护能力的皮肤，因此被誉为人的第三层皮肤。

小知识：

地球上的5个气候带

5个气候带是人为划定的5个地理区域，在每一个区域中，有相似的气候特点和生物特征。划分5个气候带的主要依据是地球表面接受太阳辐射热量的多少。

地理学上把南北回归线之间的地带称为热带，热带全年炎热多雨。在北回归线以北至北极圈之间为北温带，在南回归线以南至南极圈之间为南温带。温带的气候比较温和，大部分地区有春夏秋冬4个季节。在北极圈以北、南极圈以南的两极地区，属于地球上的两个寒带，即北寒带和南寒带。寒带里终年冰天雪地，异常寒冷。

一方水土造一方建筑

不同地区的人群由于生活环境、文化习惯等的差异会产生不同的着装风格。同样，古人在同自然界作斗争的过程中，也根据不同地区的气候、环境发展出不同风格的建筑。

在温暖湿润的南方以干栏式建筑为主流。干栏式建筑一般是用竖立的木桩或竹桩支撑高出地面的底架，底架上用大小梁木承托悬空的地板，其上用竹木、茅草等建造住房。地面悬空有利于空气流动，使得干栏式建筑具有良好的通风性能，能够迅速带走湿气和热量，使得居住区域能够保持干爽和清凉。悬空的居住区域不仅能有效避免潮湿及雨水的侵袭，还使得毒虫、野兽难以进入，为人们提供了一个安全的生活空间。

我国的干栏式建筑可以追溯到 9 300 多年前的石器时代晚期。古代干栏民居的人家常常在悬空的地板下面饲养禽畜，一方面可以方便看管，另一方面也可借禽畜的骚动来警示盗

匪或猛兽的袭击，是一种巧妙的防卫体系。汉字中的“家”上半部的“宀”就是代表房屋，下半部的“豕”就是猪的意思，这充分反映了干栏式建筑对我国文化发展的深刻影响。

古代巴蜀是我国干栏式建筑的发源地之一。现代的四川仍处处可见干栏式建筑的遗风，如阿坝州藏族的木楼、蜀南地区的竹楼以及土家族优美的吊脚楼等。

在干燥寒冷的北方地区古人采用穴居的方式抵御严寒。我国的黄河流域有广阔而丰厚的黄土层，黄土层的土质均匀

且含有石灰质，有挖掘后土壁不易倒塌的特点，便于挖掘洞穴。因此，在石器时代晚期，竖穴上覆盖草顶的穴居成为这一区域氏族部落广泛采用的一种居住方式。在山西、甘肃、宁夏等地也广泛出现了在黄土沟壁上开挖横穴而成的窑洞式穴居。山西还发现了“地坑式”窑洞遗址，即先在地面上挖出下沉式天井院，再在院壁上横向挖出窑洞，这是至今在河南等地仍被使用的一种窑洞。

穴居的居住空间藏在土层内，可以有效地避免寒风的侵袭，避免热量散失。为了增强御寒能力，我们的祖先还在洞穴里建造了“火塘”，穴居四周巨大的土壤层具有低热传导及高热容量的特点，火塘所散发的热辐射被土壤吸收并积蓄起来，使之可以长时间保持洞穴里舒适的温度。

随着古人营建经验的不断积累和技术提高，穴居从竖穴逐步发展到半穴居，最后又被地面建筑所代替，穴居渐渐退出了历史舞台。

对于沙漠和草原地区的游牧民族来说，既可遮阳挡风又能方便移动的帐篷就是他们最好的房子，这些我们就不一一细表了。

总之，我们的祖先运用他们惊人的智慧，不断发展和充分利用“第二层皮肤与第三层皮肤”的功能，使他们经受住了各种严酷环境的考验，把人类的足迹踏遍五大洲。

世界上第一座智能建筑

美国康涅狄格州哈佛市（Hartford），有一幢 38 层的金融大厦，总建筑面积超过 10 万米^2，当时属于市区高级办公楼，但由于设施陈旧，出租率一直徘徊不前，经济效益亦每况愈下。1984 年大厦的业主终于下定决心对大楼进行全面的翻新改建。该大楼住户之一的 UTBS（联合技术建筑系统）公司承包了大楼的空调、电梯及防灾设备等工程。UTBS 的工程师大胆地运用了当时最先进的综合布线技术和计算机网

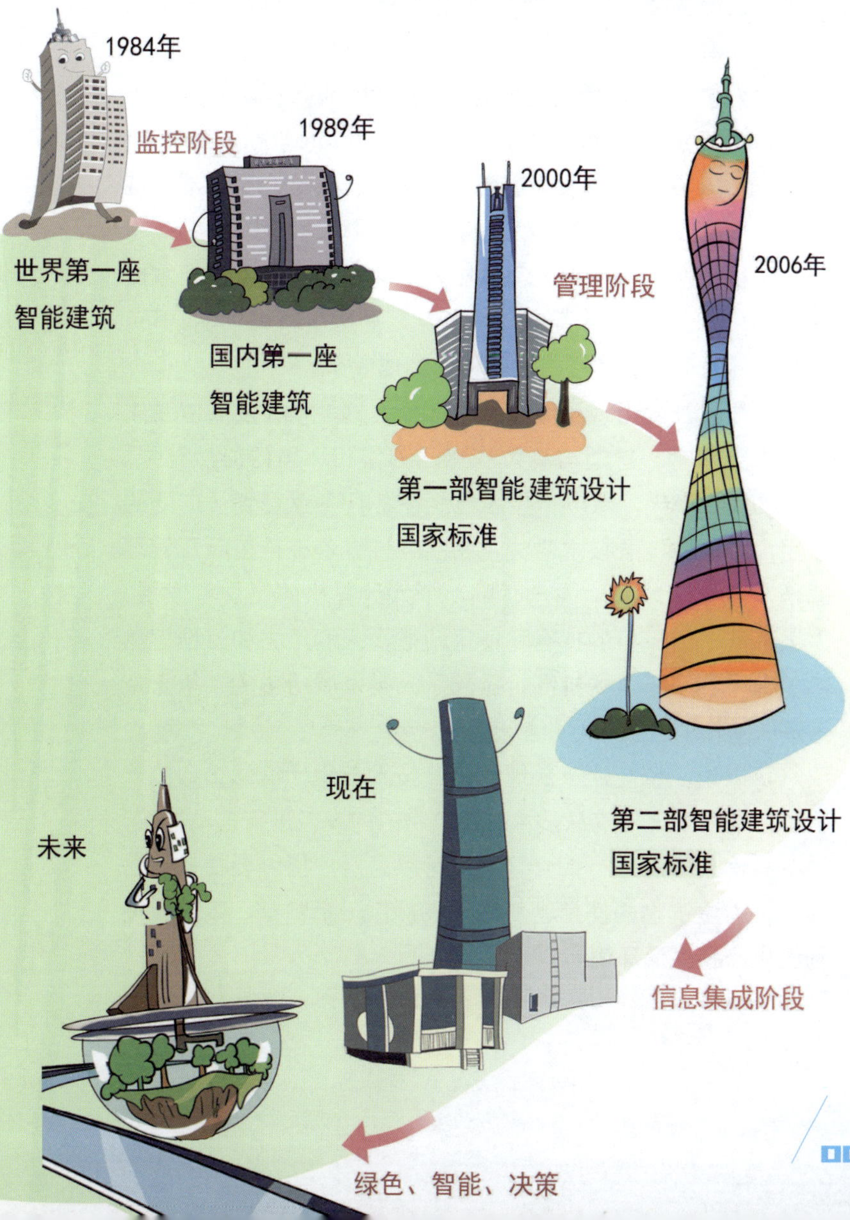

络技术，创造性地实现了大楼内空调、照明、电梯、防灾等设备的自动化综合管理，提供了更安全舒适的办公环境。同时，UTBS 还建设了数据中心，把运营商的语音及数据干线引入大楼内，通过分租的形式，大楼的其他租户就可以方便快捷地获得各种廉价的计算机及通信服务，既节省了开支又提高了效率。

该大厦改建后命名为 City Place Building（城市广场），在城市广场的宣传资料中第一次出现了 Intelligent Building（智能建筑）一词，这标志着智能建筑这一新概念的形成，城市广场也被公认为世界上第一幢智能建筑。

经过改造后的城市广场虽然大幅度提高了租金，但依然顾客盈门，充分证明了人们对智能大厦这一新事物的认可。城市广场的设计者和投资者可谓名利双收了！

智能建筑的出现看似偶然，实际上这是科技发展以及人们追求更安全、舒适与高效的生活工作和环境的必然结果。20 世纪 80 年代，微电子技术已经在各行各业得到了广泛的应用，运用微电子技术对建筑物内各种设备进行控制及管理的技术也日渐成熟。同一时期，个人计算机的出现和发展，大大降低了计算机的拥有和使用门槛，人们产生和处理信息的能力得到了极大的提高，掀起了人类发展历史的“第三次浪潮”，推动我们进入了信息社会。

可以说，智能建筑是现代建筑技术与现代信息结合的产物，它采用了现代信息技术对建筑物内的设备进行自动监控，对各种信息资源进行综合管理，可以为用户提供便捷的信息服务，为建筑物的使用者和管理者提供一个安全、高效、便利的生产和生活环境。

小知识：

什么是智能建筑

为规范我国智能建筑产业的发展，国家制定和颁布了一系列相关的标准，其中由中华人民共和国建设部于2006年12月29日发布，2007年7月1日 实施的《智能建筑设计标准》GB/T50314—2006对智能建筑进行了以下定义：以建筑物为平台，兼备信息设施系统、信息化应用系统、建筑设备管理系统、公共安全系统等，集结构、系统、服务、管理及其优化组合为一体，向人们提供安全、高效、便捷、节能、环保、健康的建筑环境。

2 智能建筑是怎样的

秀外慧中的建筑结构

夜幕低垂，华灯初上，褪去白天铅华的羊城变得浪漫而富于感性，就连装点在建筑物上的七色灯光都仿佛闪动着智慧的光芒。广州塔换上了幻彩晚装，犹如纤纤细腰的江南少女在珠江边深情地眺望；广东博物馆像盛满珍宝的月光宝盒，红色的光芒从墙体凹凸的缝隙中透出，就像沧桑的记忆；广州国际金融中心如同幻彩水晶直插天际，晶莹中跳动着财富的脉搏。

我们看到的这些都是智能建筑。当智能建筑在20世纪80年代出现时，曾经是高科技和高档次的代名词，在不少楼宇的宣传广告中频繁地出现智能大厦的字眼。伴随着社会的进步，人们对生产生活环境的要求也越来越高，智能建筑逐步“平民化”，成了品质生活的“标配”，建筑类型也从最早的办公建筑覆盖到商业、文化、住宅、学校等几乎所有的建筑类型，我国近年建设的大型公共建筑基本上都进行了智能化建设。

现代的智能建筑更强调人、建筑与自然的和谐，建筑的外观和结构除了考虑建筑的用途及个性化设计风格，还要充分考虑建筑物所在的环境及气候条件做到环保节能，例如，在日照强烈地区采用外墙光伏发电，通过自然光导入系统，减少人工照明的用电等。

位于广州新中轴线上的珠江城大厦就以“零能耗”为最高设计目标，大厦通过特别的外立面设计，在24层及50层各设计了一对风洞，安装了4台风力涡轮发电机发电，大楼顶部及东西两侧安装了大量太阳能光伏电板发电，通过无污染的可再生能源发电，不仅降低了污染，每年还能节省近40万元的电费。大厦内还采用了双层内呼吸式幕墙、日光控制、地板下通风、热回收、水回收、双轿厢下行发电电梯以及冷辐射空调系统等大量的节能技术。通过开源节流，大厦实际能耗降低了60%，被誉为全球“最绿摩天大楼”。

智能建筑内部需要安装大量的自动控制设备，相应的会有大量的通信线路及控制线路。为了美观，一般的建筑物会把这些线掩埋到墙体或楼板里面，当设备变动需要移动或更换线路时就经常需要打墙凿地，不仅发出巨大噪声影响正常工

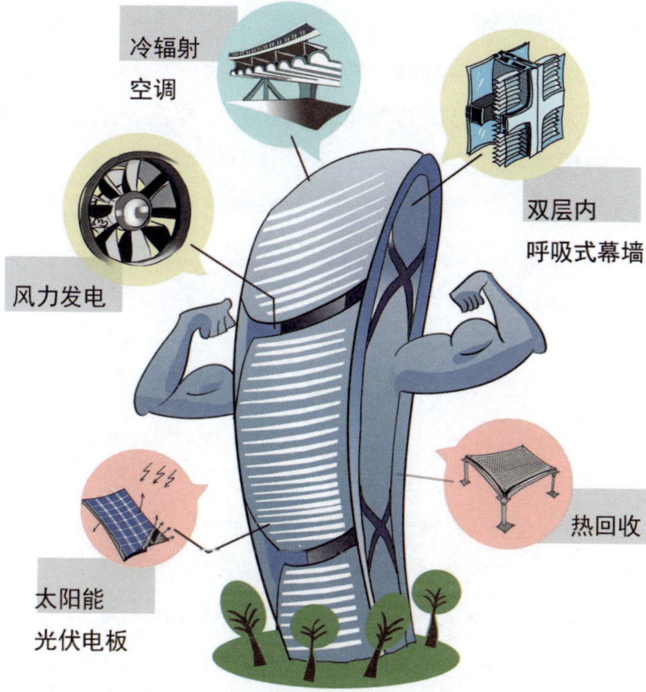

作，强烈的机械冲击还可能损坏建筑结构，影响建筑物的安全，这样的损失就更大了。智能建筑中，在信息系统线路较密集或对系统布局适应性要求较高的楼层及区域，一般采用铺设架空地板、网络地板或地面线槽等方式。现代办公大量使用电话、网络等通信手段，而且往往使用大开间装修，以往在天花内安装线槽再通过墙面下线的方式已经难以满足线路布放的要求，因此高档办公楼宇不少采用全架空地板设计，为各种线路的铺设预留了充足的空间。另外，不同的租户进行装修时也只在架空地板之上进行，有效地保护了建筑结构。

在大楼内还会预留贯通整栋大楼各楼层的井道，这些井道按功能用途分为水井、风井、排烟井、强电井、弱电井等。

与智能化系统关系最密切的自然是弱电井。弱电井是智能系统中各种信号线、控制线的垂直通道，比如说网络线、视频线、音频线、门禁控制线等都在弱电井中穿行。对于楼层面积较大的楼宇可能会设置多个弱电井以便就近布线，一则可以缩短线路长度，避免浪费；二则减少信号损耗，提高信号质量；三则避免超过某些标准的最大线路长度，例如以太网就要求单段线路不长于 100 米。

小知识：

什么是强电与弱电

电力应用按照电力输送功率的强弱可以分为强电与弱电两类。建筑及建筑群用电一般指交流 220 伏及更高电压的强电。强电主要向人们提供动力或能源，例如空调用电、照明用电、电梯用电等。智能建筑中的弱电主要有两类：一类是国家规定的安全电压等级及控制电压等低电压电能，如 24 伏摄像机电源或应急照明灯备用电源；另一类是载有语音、图像、数据等信息的信息源，如电话、电视、计算机的信息。

智能系统中有大量的弱电设备需要安装在各个楼层，因此各楼层的弱电井旁一般都留有一个安装弱电设备的空间，叫弱电间。这些设施住户一般不会留意也无须关心，它们会为大厦的健康运行默默地工作。

安全、高效、健康的环境

小故事

唐果是一位技术部经理，他的公司在一栋甲级办公楼的33层，这栋办公楼是一座新型的智能建筑。如同往日一样，他早早地驾车回公司，在地下停车场的入口挥了一下员工卡，车道闸就升起来了。把车开到负一层，看到LED(发光二极管)指示牌写着："负一层空余车位0，负二层空余车位26，负……"，"得，这帮人可是越来越勤快了，这么早就来占车位！"唐果心里面一边抱怨一边把车开到负二层。停车场里每个分叉道都会有LED指示牌显示各方向有空余车位的数量，拐了几个弯之后唐果终于在一条通道中发现了一盏绿灯，这说明绿灯那里有空余的车位。

停好车，唐果走到电梯厅的入口，在玻璃门前挥了挥员工卡，"滴"的一声，门开了，唐果一边往里走，一边拿

出手机打开大厦的办公辅助应用程序准备预订一间视频会议室，他与一个外地客户约好了早上在网上“碰个面”敲定工程的实施方案。电梯到了，唐果径自走到电梯里，双手还是没离开手机。唐果刚预订好视频会议室，电梯已经到了33层。走出电梯，唐果看到公司的前厅亮起了鹅黄色的灯光，充满活力的颜色把刚才回来时堵车的憋气一扫而空，唐果再一次拿出员工卡“滴”开了公司大门，开始了他新一天的工作。

通过唐果这几分钟的经历，我们可以管中窥豹发现智能建筑一些有趣的特点：

（1）完善的安全保障

建筑物有完善的出入控制和通道控制，只有授权人员能够出入或进入特定区域。普通楼宇的出入管理一般只由保安完成，甚至只是请个退休老大爷充当门卫，一栋办公楼有成千上万人在里面工作，而且人员还会不断地变动，要求门卫去识别谁是职员谁是访客显然是强人所难。在智能建筑中这些控制全部由“门禁系统”自动完成。唐果的员工卡是嵌有智能芯片的非接触式IC（集成电路）卡，卡片里的IC记载了唐果的身份信息，读卡装置不需要接触卡片就可以读出卡片IC中的信息，门禁系统把读到的身份信息与记录在系统中的授权信息相比较从而决定是否开门，这样就可以有效地防止闲杂人员进入工作区域。

消防安全也是智能建筑重点关注的问题，在建筑物内部都会安装大量温度感应、烟雾感应等探测装置，可以及时发现火情。当火情出现时，能够及时报警，同时启动对应区域自动灭火装置，如洒水喷淋、气体灭火等。排烟、应急照明等相关系统也会紧急启动。除了消防警钟，公共广播系统也会自动广播火灾疏散通知，逃生通道的所有门禁会自动打开，电梯也会自动切换到火灾状态运行。这些动作都是通过智能系统自动完成的，保证了整个灭火、疏散的过程快速、有序地进行，从而把火灾的损失降到最低。

（2）开放及多系统联动

在智能建筑中各个自动控制的子系统再也不是独立运行的“信息孤岛”，它们通过智能化集成系统联系起来，形成更有效率、功能更强大的综合系统。前面讲到火灾发生时，消防系统、公共广播系统、电梯控制系统、门禁系统等就实现了联动。

细心的朋友可能会发现，唐果那张员工卡也非同寻常：停车场、大厦的门、公司的门都可以打开。不仅如此，在预订的时间里，这张卡还能打开视频会议室的门，还能到大楼里的健身房、小卖部进行消费等等。这就是我们常听说的“一卡通”。

要实现一卡通，首先需要参与互通的各个系统具有与系统外交换数据的能力，这里的交换包括了向其他系统提供数据以及从外部系统接收数据；其次各个系统应该遵守公共的接口规范，从而保证系统间数据传递的效率和正确。这个平台还需要把各个子系统的功能、界面重新组织、整合，向管理者、使用者提供一个统一的界面。这个平台就是智能化集成系统。

（3）细致高效健康体贴

智能建筑对人是细致体贴的，它能把各个区域的温度、湿度调节得恰到好处，保证人体的舒适、健康。光线的强度甚至颜色都是可以根据个人喜好、心情及不同季节进行调节，使大家能保持最良好的工作状态及效率。

前面的故事中有一个细节：唐果在进入电梯后并没有按动电梯的楼层按钮，而电梯就自动地把他送到了公司所在的楼层。这也是一种细致的体贴，唐果读 IC 卡打开电梯大堂的门时，门禁系统就与电梯控制系统发生了联动。这样不仅可以使用户感觉到贵宾式的服务，还能加强大楼的安全防范，避免无关人员到别的楼层乱窜。

智能建筑内提供的微蜂窝移动通信信号覆盖以及无线网络覆盖，保证在建筑物内能够有良好的移动通信信号和廉价的数据通道，为越来越多的移动办公应用提供有力的支持。唐果通过手机预订会议室，就是通过手机办公软件与物业管理系统连接实现的。

延伸阅读

智能大厦与智能建筑是什么关系

在智能建筑发展初期，进行智能化建设的大多数是高级办公楼，这些建筑往往被称为某某大厦，于是这类智能建筑人们就习惯地称为智能大厦。在美国最早出现的智能建筑称为 Intelligent Building，中文直译也是智能大厦。因此，不少人认为智能大厦就是智能建筑。

然而随着智能化技术的发展，智能建筑已远远不局限于办公楼，各种商业建筑、文化建筑、体育建筑、交通建筑以至住宅、工业建筑都加入了智能建筑的行列。显然，把机场、住宅小区这类的智能建筑再称为智能大厦就很不合适了，我们应该把智能大厦看作智能建筑的一种类型。

（4）适应性

人类的技术在不断加速发展，新技术新设备层出不穷，智能建筑要适应新的需要必须导入新技术，安装新设备，这使得智能建筑在结构上就要考虑这些可能的改变。同一建筑空间上的使用者也会发生改变，如租给了另家公司，不同的使用者自然对空间以及相关设施有不同的需求，这也要求智能建筑能够适应这种改变。

（5）环保节能

现代的大型建筑越来越重视环保节能。这首先需要建筑在设计上能与环境和谐共存，能根据当地的环境与地理条件设计具有特色的建筑，能够充分利用自然能源，如采用自然光照明等。其次在内部通过精细化的控制，及时关闭不必要的耗能器件，从而减少对能源的消耗等。

总的来说，智能建筑有别于传统建筑的最大特点是有“头脑”，专业一点的说法是智能建筑具有“智能”。智能建筑的智能来源于计算机信息处理技术，随着信息处理技术的发展，智能建筑也变得越来越“聪明”。

无处不在的信息化

提到智能建筑也许会有人想象到，走到大楼里面说“我要一杯果汁”，就会有一杯果汁送到他的面前；对着一面墙说“看欧洲杯”，墙面就出现了足球场的画面。

这样的场景也许会出现在未来的智能建筑中。的确，说起智能建筑，不同的人可能有不同的观点，不同专业的人对智能建筑也有不同的期望与解读，甚至会触发我们丰富的幻想。

在智能建筑的发源地美国，AIBI（美国智能建筑协会）认为：智能建筑是指通过对建筑物的结构、系统、服务和管理等 4 个建筑物基本要素以及它们自己内在关联的最优化，提供一个投资合理，具有高效、舒适、便利、安全的建筑环境。欧洲智能建筑组织把智能建筑定义为：使用户发挥最高效率，同时又以最低的保养成本，最有效地管理自身资源的建筑。国际智能建筑协会则对智能建筑有这样的期望：在将来新的要求产生时，可以导入相适应的新技术。我国的《智能建筑设计标准》认为，智能建筑的目标是向人们提供安全、高效、便捷、节能、环保、健康的建筑环境。

尽管不同的国家与机构对智能建筑有不同表述，但实现智能化手段其实就是信息化，把信息技术充分应用到建筑运行与管理的方方面面。例如：智能建筑里的设备管理系统就是把信息技术运用到建筑设备的自动控制中，信息化应用系统、智能化集成系统更是赤裸裸的信息技术应用。

在早些年大家可能会在一些办公建筑的资料中看到“3A大厦”“5A大厦”这样的字眼，它们是什么意思，与智能建筑又有什么关系呢？

聪明的你大概已经能猜到，这里的A就是Automation（自动化）的意思。完全正确！3A就是指BA（楼宇自动化）、

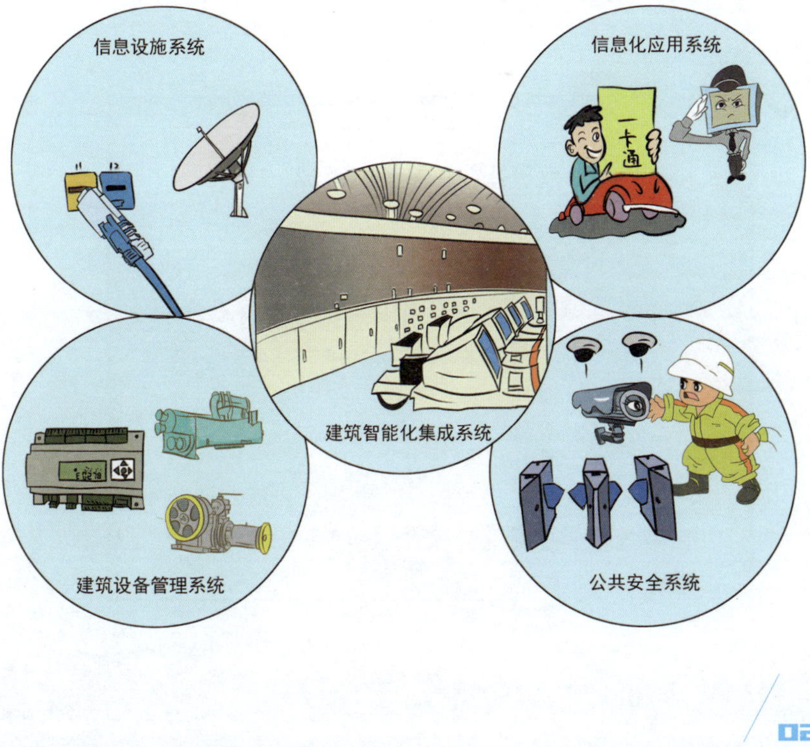

CA（通讯自动化）和 OA（办公自动化）。在相当长的一段时间里，3A 大厦就是智能建筑的同义词。一些开发商为了吸引客户，提出了 FA（消防自动化）和 MA（管理自动化），加上前面的 3A，就成了 5A，甚至有 6A、7A。这些后面出现的概念基本上都把 3A 细化或者重新组合而形成的。这些其实就是代表着信息技术在不同技术领域的应用。

随着建筑智能化技术的发展，人们发现 3A 的分类比较模糊，CA、OA 这种提法用在公共服务上也不太合适，定义不确切，总之 3A 概念已经难以表达智能建筑的内涵。按照国家标准，建筑智能化系统工程可由智能化集成系统、信息设施系统、信息化应用系统、建筑设备管理系统、公共安全系统、机房工程和建筑环境等七大子系统及其各相应辅助系统组合构成。

延伸阅读

建筑智能化系统的组成

智能化集成系统：以满足建筑物的使用功能为目的，用统一的信息平台汇集各智能化子系统的信息，实现资源共享及优化管理等综合功能。

信息设施系统：根据需要对建筑物内外的各类信息，予以接收、交换、传输、存储、检索和显示等综合处理，并提供符合信息化应用功能所需的各种类信息设备系统组合的设施条件，为建筑物的使用者及管理者，创造良好的信息应用环境。

信息化应用系统：以建筑物信息设施系统和建筑设备管理系统等为基础，以满足建筑物各类业务和管理功能为目标的软硬件组合的系统。它可提供快捷、有效的业务信息运行的功能和完善的业务支持辅助的功能。

建筑设备管理系统：具有对建筑机电设备系统的运行状态及能耗状况等的监测、控制等功能，确保各类设备系统运行稳定、安全可靠及满足对物业管理的需求。实现运行监控信息互为关联和共享应用，以实施对建筑物设备系统整体化综合管理策略的功能。

公共安全系统：为维护公共安全，综合运用现代科学技术，以应对危害社会安全的各类突发事件而构建的技术防范系统或保障体系。主要内容包括：火灾自动报警系统、安全技术防范系统和应急联动系统。

机房工程：为提供智能化系统的设备和装置等安装条件，以确保各系统安全、稳定和可靠地运行与维护的建筑环境而实施的综合工程。

智能建筑是智慧城市的细胞

小故事

一辆救护车呼啸地来到大楼的前面，医护人员穿过大堂进入正在等候的电梯，这时大楼的保安主任也赶过来了，电梯把他们直接送到了28层，直接进入董事长的办公室，看见董事长已经躺在地上了。医护人员经过简单的现场检查和紧急处理后，赶紧把董事长抬上担架，上了救护车飞奔去医院。一路上经过的所有交通路口都是绿灯，使得救护车能够在最短的时间内到达医院。在医院，董事长被立即送上了手术台，经过紧急的手术，董事长恢复了健康。

这样的场景在电影里出现得多了，在现实生活中也可能偶尔碰到，但距离我们普通市民可能有点远。想想，要享受这种高效率的医疗服务需要调动多大的资源啊。然而在未来的智慧城市中，这可能只是很普通的一幕，董事长并没有享受超市民的待遇。

城市医疗档案里有每个市民健康状况的详细记录，董事长心脏的老毛病自然也在此记录之中。这几天董事长都感觉到胸部不舒服，想着是老毛病也没太多注意，谁知道这天早上胸口一阵剧痛然后就直接晕过去了，好在他手上的智能手表检测到他生理指标和运动状态的异常，通过大楼的无线网络向市急救中心发出了求救信号。市急救中心的智能指挥系统发现这是一个简单的求助，直接指令最近的救护车前往救助，并把董事长的资料通过网络传到救护车，同时通知接诊医院做准备。

在救护车到达大楼时，救护车自动通过城市网络向大楼的智能化系统发出电梯紧急运行请求，于是医护人员就有了一台救人的专用电梯，同时大楼的保安系统也赋予了这一行人相应的出入权限，使他们畅通无阻。救护车接到董事长后，经过现场检查结合之前掌握的病案资料分析后立即通知接诊医院准备手术。这时，城市智能交通指挥系统已经收到救护车要执行的任务，在救护车接近的每个路口都会调节成绿灯，保证急救通道的畅通。

在智慧城市中，这一切复杂的资源调配都通过信息系统和城市中无处不在的数据网络自动实现了，甚至无须人工干预。从上面的故事我们也了解到，救护的起点和终点都发生在建筑物内，离开了大楼和医院的智能系统与急救中心的智能指挥系统之间的有机配合，整个急救过程也不可能这么顺畅。智能建筑与智慧城市就是点与面之间的关系。

建筑物是人们生产与生活的主要场所，这就注定了大量信息的产生和消费都会在建筑物内进行，就像人大量的生化活动都在细胞内进行一样。智慧城市所需要的很多感知终端、执行终端也将大量地出现在建筑物内，例如：平安城市的摄像机，城市网络的室内覆盖，各种耗能的感应系统、控制系统等。

罗马不是一天建成的，智慧城市不是一个简单的工程，需要大量的积累，大量的智能建筑是基础之一。就像众多的细胞构成一个人，智慧城市也需要众多的智能建筑，智能建筑就像智慧城市的细胞。

二　智能建筑的大脑和神经

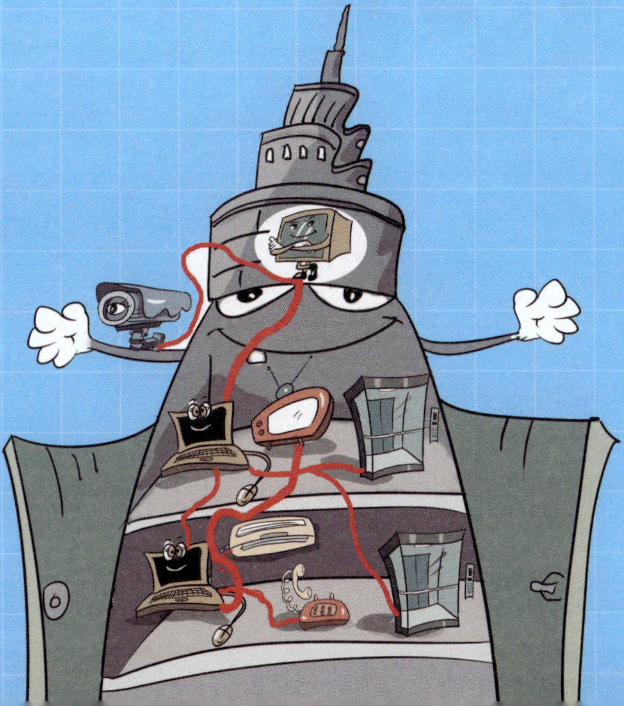

大家都知道互联网，也多少听说过 TCP/IP（网络通信协议），但不一定知道 TCP/IP 是谁发明的，更不知道 TCP/IP 之父文特 · 瑟夫（Vinton G. Cerf）和卡恩（Robert Elliot Kahn）放弃了亿万的金钱，没为 TCP/IP 申请专利，却为我们的生活带来了深刻的变革。

瑟夫大学毕业后加入到如今互联网的老祖宗——阿帕网（ARPA）计划中。当时科学家们提出这样一个理念："所有电脑生来都是平等的。"为了让这些"生来平等"的电脑能够实现"资源共享"，就得建立一种大家共同遵守的信息传递标准，这样才能够让不同的电脑用相同的规则进行协商、交换数据从而实现资源共享。

瑟夫和卡恩一起承担了寻求这种标准的艰巨任务。经过 3 年的艰苦努力，他们发表了第一份 TCP/IP 协议详细说明。1983 年元旦，美国国防部先进研究项目局网络（DARPA）

全面使用 TCP/IP 协议，而 DARPA 正是由阿帕网发展而成的国际互联网的前身。从此以后 TCP/IP 协议成为因特网上所有主机间的共同遵守协议。可以说，没有 TCP/IP 协议也就没有互联网的今天，因此卡恩和瑟夫也被称为互联网之父，他俩也共同获得了计算机界的最高奖项——图灵奖。

1 藏在墙里的高速公路

被“网”住的大楼

大家也许会问，我们讲智能建筑怎么又牵扯到互联网了呢？别急，我们生活在一个信息时代、网络时代，任何与智能联系在一起的事物都难免被“网”在其中。智能汽车、智能电视、智能手机、智能手表，哪一件不与网络连在一起？智能建筑也不例外。

从宏观上看，智能建筑作为智慧城市的一部分必须连接到城市网络中，这样才能实现与城市的联动，建筑里的住户才能足不出户地享受城市的服务。例如：车辆套牌是困扰着车主以及相关管理部门的一大难题，如果所有停车场都实现了完善的智能化，这个问题就比较容易破解了。我们回顾唐果上班停车的那个停车场，它通过车位车牌识别可以准确地知道停车场内所有车的车牌和停放位置，这样城市管理部门可以通过网络同一时间收集停车场内所有车的车牌，只要发现重复的，就可以通过网络通知大厦的安保人员协助公安及时控制可疑车辆进行排查，实现准确的打击。

从建筑物内部看，智能建筑里的空调、通风、照明、电梯、给排水等各种自动控制系统中都有大量的检测设备和控制设备，这些设备之间有大量的数据交流，它们也越来越多地用到网络。人对外界的各种感知都是相应的感受器官把探测到的信息通过神经系统传递到大脑处理后得到的结果。我们能用眼睛看到景物，是眼睛的视网膜把光变成电信号通过视神经传送到大脑，再经过大脑的处理我们便看到东西了。为了能看清楚一点，大脑还通过神经系统调节眼睛的聚焦。另外，我们要走路，需要大脑通过神经系统控制肌肉运动。

智能建筑里的数据网络就像我们人的神经系统那样，不断地把传感器收集到的数据传递到控制器，把控制器发出的控制指令传递到各执行机构，控制器、上位机、服务器以及控制终端等不同设备之间也有大量数据依靠网络传送。我们上网查资料，发邮件，用 QQ 与朋友联系，各种电子化的财务系统、客户关系系统等计算机应用更加离不开网络。由此看来，智慧与神经系统密不可分，智能建筑也离不开数据网络。

在计算机网络发展之初，曾经出现过多种网络协议，随着互联网的发展，这些协议绝大多数已经成

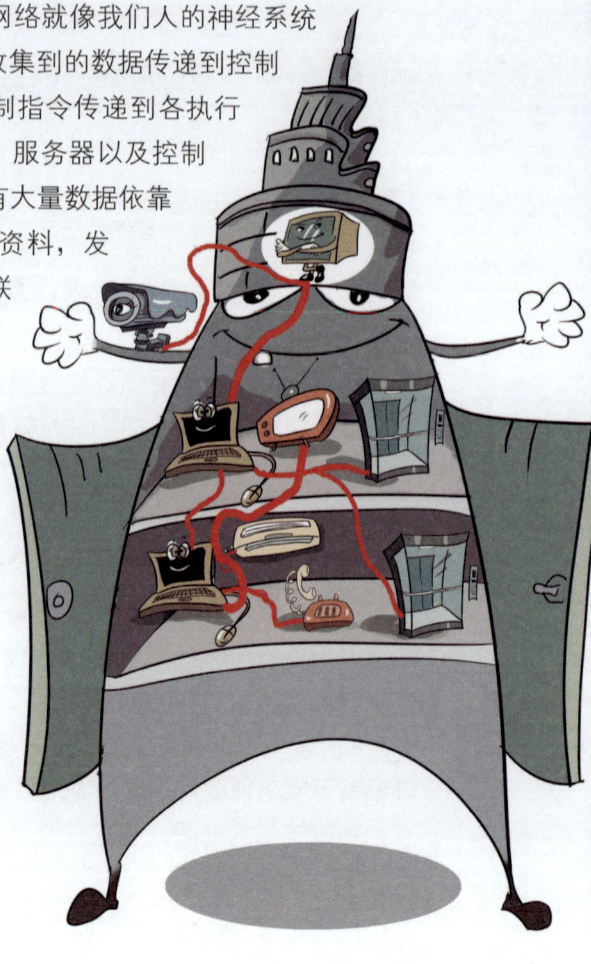

为历史，TCP/IP 成为唯一的王者。因为绝大多数的网络计算机设备都需要与互联网连接，虽然通过网关等网络设备可以做到不同协议之间的计算机实现通信，但费钱费心的事谁愿意做呢？况且 TCP/IP 确实也是综合素质最好的协议。

楼宇自动化设备之间要进行数据通信也离不开各种通信协议，常见的有 Modbus、CANBus、Lon Works 和 BACnet 等。携互联网之威以太网及 IP 正快速进入自动控制领域，隐隐有“一统江湖”之势。越来越多的自动控制设备添加了以太网接口支持 IP 协议。

综合布线构造畅通的信息公路

在信息系统中我们常把数据比作货物，网络协议比作运送货物的集装箱汽车，网络线路自然就是公路了。

大家想象一下，如果公交公司自己搞一套公路网，出租车公司自己搞一套公路网，然后消防、公安、医院等都搞一套自己专用的公路网，我们的城市会是怎样一个情形？浪费、混乱、可笑、弱智，是吗？

当智能建筑刚出现时，建筑物内作为信息高速公路的通信线路就是这样的状况！电话有自己的一套线路，门禁有自己的一套线路，空调、照明等控制线路也都是独立的，更要命的是当时有多种同时使用的计算机网络系统，他们所用的传输线路五花八门，有扁平电缆、有双绞线、有单芯同轴电缆、有双芯同轴电缆等。杂乱的线路不仅浪费走线空间，更重要的是难以管理。如果线路出现故障几乎无法检修与维护，因为要在弱电井的几千条线缆中找出故障的电缆几乎是不可能的，通常只好重新再布放一条新的线路，这又进一步加剧

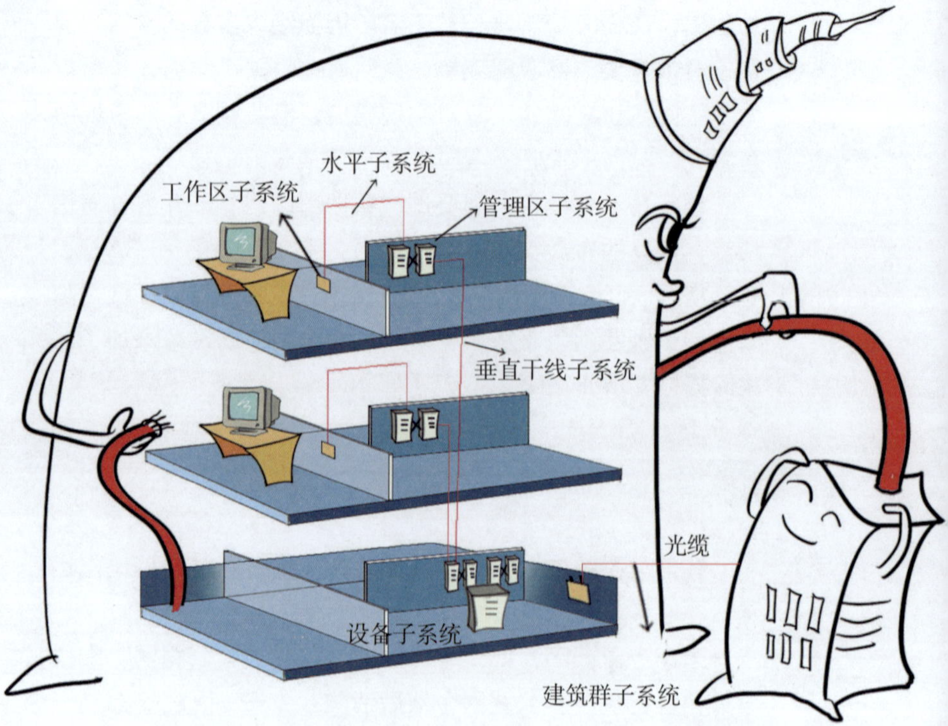

了线路的混乱，形成恶性循环。当建筑物的智能化程度越高，控制线路、网络线路更多，线路管理的问题就越来越突出了。

为解决建筑物内数据通信线路重复建设，管理混乱的问题，20 世纪末，欧美的通信巨头及标准化组织开始制定商业大楼的通信线路布线标准。1995 年底，美国计算机工业协会、电子工业协会公布了 EIA/TIA—568A 标准，ISO（国际标准化组织）也公布了相应的标准 ISO/IEC/IS11801，同时确定了综合布线这一概念。

综合布线的思想是对建筑物内所有弱电系统的线路进行统一设计、统一施工、统一管理。使用综合布线系统后，电话、计算机网络、楼宇自控以及安防等系统的线路是将一套由公共配件所组成的配线系统综合在一起，不再需要为不同的设备准备不同的配线零件以及复杂的线路标志与管理线路图表。

与传统的布线方式比较，综合布线的最大区别是：布线结构与当前所连接的设备的位置、设备种类无关。在传统的布线系统中是根据设备位置布线。大家可能都有过这样的经验，要在办公室里加台电话机，就要从机房里拉电话线，于是穿墙、挖地、钉线槽，费时费工不要紧，要命的是施工引起的灰尘、噪声会严重影响工作。

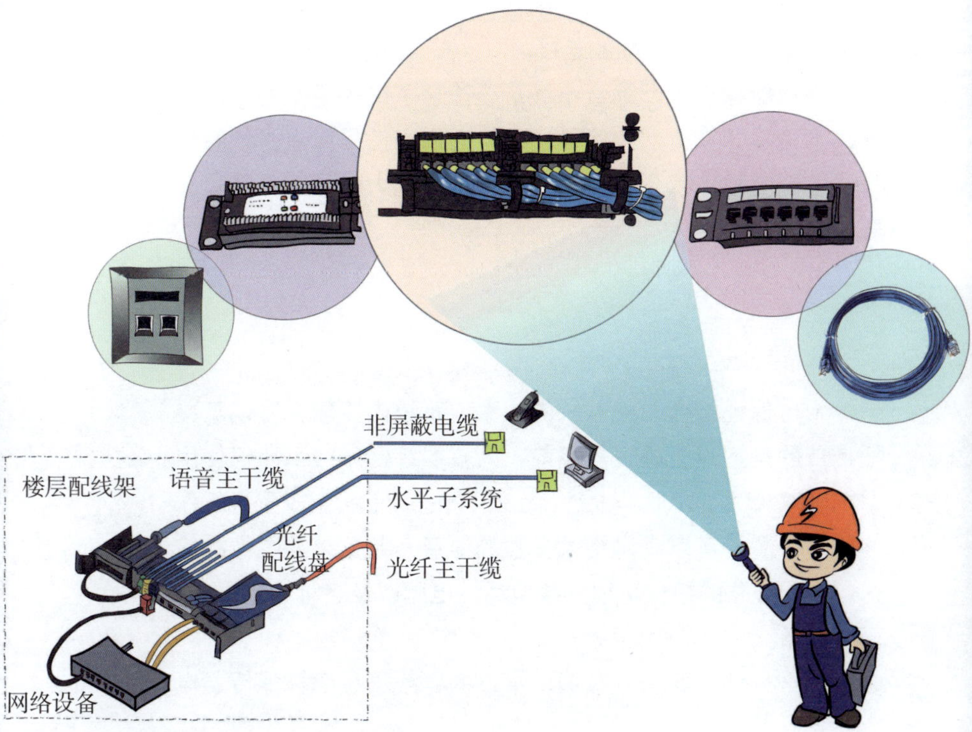

综合布线是根据建筑物的结构以及用途，预先布好线，然后再根据实际所连接的设备情况，通过调整内部跳线装置，将所有设备连接起来。这样，加装电话机只需要在附近找个信息口然后跳根线就完事了，效率大为提高。

综合布线把整个线路体系划分成 6 个子系统：工作区子系统、水平子系统、主干线子系统、管理子系统、设备间子系统、建筑群子系统，各个子系统都有各自的功能以及器件。

在建筑物内，大部分线缆属于水平或干线子系统，它们往往被掩埋在墙体、地面或线槽内，按综合布线标准要求这些线路都固定在称为“配线架”布线器件上，并有良好的标识，这样就保证了线路能得到良好的保护并且始终不会混乱。通过跳线，可使这些线路连接到不同的端口或设备中，这样就实现了数据设备之间的连接。

在智能建筑里，综合布线系统整合了绝大多数的通信线路，无论是计算机网络信号还是电话语音信号或者是传感信号或控制信号，综合布线系统已经是智能大厦最基本又最重要的组成部分。

神奇的双绞线

为了保证综合布线系统的效率，系统内传输介质以及接插接口的类型越少越好。目前，大多数综合布线系统仅使用非屏蔽双绞线（UTP，Unshielded Twisted Pair）以及光纤作为传输介质，可以满足绝大多数的语音、数据以及图像的传送，同一线路的接口可以连接电话、电脑以及各种控制设备、网络设备。

那么为什么要用双绞线，平行的导线不是照样能传送电信号吗?

我们知道，通过电信号的变化能够把信息从导线的一端传送到另一端，例如：高电压表示“1”，低电压表示“0”。除了电压，也可以通过频率、相位等的变化进行信息传输。显然，传输信息的速度越高，变化的速度也就是电信号变化的频率就越高。当导线通过这些高频电流时，就会向周围空间发射电磁波，当这些电磁波切割其他导体时，导体会产生感应电流，这些导体上传送的电信号就会被干扰。

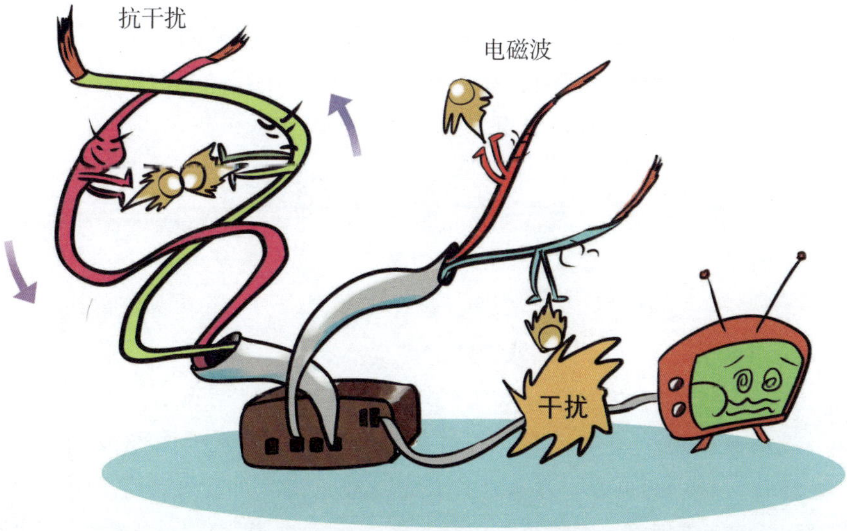

当传输信号的两根导线通过一定的扭矩绞合在一起后就会产生两个有趣的现象：一是对外发射的电磁波强度大大降低了。由于两根导线的信号相位刚好相反，简单地说就是电流方向相反，这样两根导线产生的电磁场刚好相互抵消，从而大大减少了信号的泄漏，也降低了对其他信号源的干扰。二是信号线双绞后能大大增强抗干扰的能力。由于双绞后可以认为两根导线具有相同的空间位置，因而会接收到相同的干扰信号，造成两根导线电位相同的变化，这种变化会完全被接收端无视，使干扰失去作用。

通过上面的解析，大家是否觉得双绞线很不简单呢？不过，双绞线可不是新生事物，它的年龄可是比咱们都大。早在 1881 年贝尔发明的电话系统中就已经在使用双绞线了。不过那时候的双绞线只用于电话语音通信，直至 20 世纪末采用 3 类双绞线的 10 Base-T 以太网的出现，双绞线才开始大量应用于计算机网络中。

在计算机网络中，我们常见的双绞线通常是 4 对一条条地被封装在塑料护套中，在综合布线系统的干线中还会用到 25 对、50 对、100 对等更大对数封装的双绞线。

小知识：

双绞线的种类

双绞线可以分屏蔽双绞线与非屏蔽双绞线两大类。屏蔽双绞线施工难度较高，一般用于高干扰环境或对射频泄漏特别敏感的场合。在智能建筑中一般采用非屏蔽双绞线。

按电气性能，双绞线可以分 1 类、2 类、3 类、4 类、5 类、超 5 类、6 类、超 6 类、7 类等。类型数字越大，技术越先进、带宽越宽，价格也越高。目前常用的有：3 类，传输速率 10 Mb/s，一般用在电话系统；超 5 类，传输速率 100 Mb/s，目前广泛用于快速以太网中；超 6 类，最大传输速率 1 000 Mb/s，一般用在千兆以太网中。

信息网络主客有别

大家知道为什么高速公路能藏在墙里面吗？没错，那不是跑汽车的普通高速公路，而是一条能进行高速数据传输的信息高速公路。普通高速公路用水泥、沥青铺设，信息高速公路由通信线路和通信设备组成，由于美观和防护等需要，通信线路一般通过天花、墙体或者地板掩埋起来，因此有了藏在墙里的高速公路这一说法。目前，计算机网络承担了绝大多数的数据传输工作，因而信息高速公路也成了计算机网络的代名词。

我们平时看到连接到电脑上的网线以及墙上的网络插座只是计算机网络的末端，相当于高速公路的出入口，人们通过末端的电脑或其他终端设备向网络发送信息或从网络上获取信息。通过综合布线系统，网络插座的另一端一般会连接到一台网络交换机中，网络交换机会有几个到几十个接口，每个接口可连接一个网络插座或其他网络设备。

电脑按照网络协议把要发送的信息组织成一组组规定格式的数据，发送到网络上。这种有组织的数据称为数据包，电脑里的网络处理程序会自动地在数据包上附加发送设备的标识和目标设备的标识，这个过程有点像我们把信装到信封里，然后在信封上写上收件人地址和发件人地址。碰巧得很，在网络通信协议中设备标识也叫地址。我们熟悉的 IP 地址就是其中的一种设备标识。

网络交换机在收到数据包后，会根据地址信息把数据转发到目标设备所在的端口。如果目标设备不是直接连接在网络交换机上，网络交换机就会通过网络协议查询连接到它上面的网络设备，看哪台设备可以把数据包转交给目标设备，并把数据包发送到该设备的端口。这样通过一台台网络设备的接力传递，最终把数据包传递给目标设备。

从信息安全和方便管理等角度考虑，智能建筑一般会把信息网络划分成多个相对独立的部分，例如，为物业日常管理运行服务的办公网络，为大楼租户服务的客人网络，为大楼设备控制管理服务的自控网络等。

进行这种划分是非常必要的。在整栋大楼中，一般客人使用的信息点最多也最难管理，如果任何一个信息点都可以连接大楼的空调、消防、电梯等的控制系统显然是非常危险的，虽然控制系统都会有特定的协议、有密码保护，但只要能连接就有被破解的可能。就算无法破解，过多无关的数据包也会造成系统效率的下降。

不同的网络可以使用同一套综合布线系统，甚至同一套网络设备。通过网络设备的设置可以使得属于不同网络的信息点相互隔离，

这就是 VLAN（Virtual Local Area Network，虚拟局域网）。不同的网络之间可以通过网络防火墙等网络安全设备实现有控制的互通。这样既保证了信息安全，又不妨碍正常的信息共享。

2 功能齐全的信息设施

说说顺风耳背后的故事

电话我们很熟悉了，这里我们讲讲大家也许不太熟悉的故事，那就是隐藏在电话后面的设施。为了大家能方便地使用电话，这些设施默默地工作，在我们看不到的地方发光发热。呃，真的是光和热啊！现在大量的通信设施都已经使用光纤通信了，这当然有光；而发热嘛，设备要通电工作当然要发热，性能越高的设备发热量通常越大，因此设备集中的机房往往需要强大可靠的电力供应，同时需要强大的空调设备来维持合适的工作温度。

随着电信运营商服务水平的提高，以及电话交换设备功能的发展，越来越多的机构、大厦放弃了自备交换机，直接采用运营商提供的交换设备通过租用运营商的“虚拟用户交换机”服务实现 PABX 的灵活功能。客户可以把运营商提供的一组电话号码加入到虚拟交换机中，这组号码之间像内部交换机一样可短号互拨，也可以互转电话，市话可以直拨分机。虚拟用户交换机还能提供话务台功能，话务台只需利用任意虚拟交换机内的电话并公布号码就可以转接来话去话，简单方便。虚拟交换机的最大特点就是节省投资，用户不需要购买设备和增加设备维护人员，通过运营商的专业维护管理，可靠性高并且能与公网技术同步发展。

电话分机线路一般一对铜线对应一个分机号，也就是连接一台电话机。交换机的分机线路在机房内先连接到综合布线系统的主配线架上，通过跳线连通下一级的子配线架，在最后的配线架上通过跳线连通对应信息端口，这样就形成了从信息端口到电话交换机端口的通路，我们只要把电话线插到信息插座上就能使用了。如果这个电话号码要移到别的地方，我们只需要更改配线架上的跳线就行了，不需要重新拉线，这就是综合布线系统方便之处。

大厦内电话交换机与市话网连接的中继线路现在基本都使用数字中继了。在传输时利用 PCM（脉冲编码）技术，把一路电话编码成 64 kb/s（千位/秒，这里

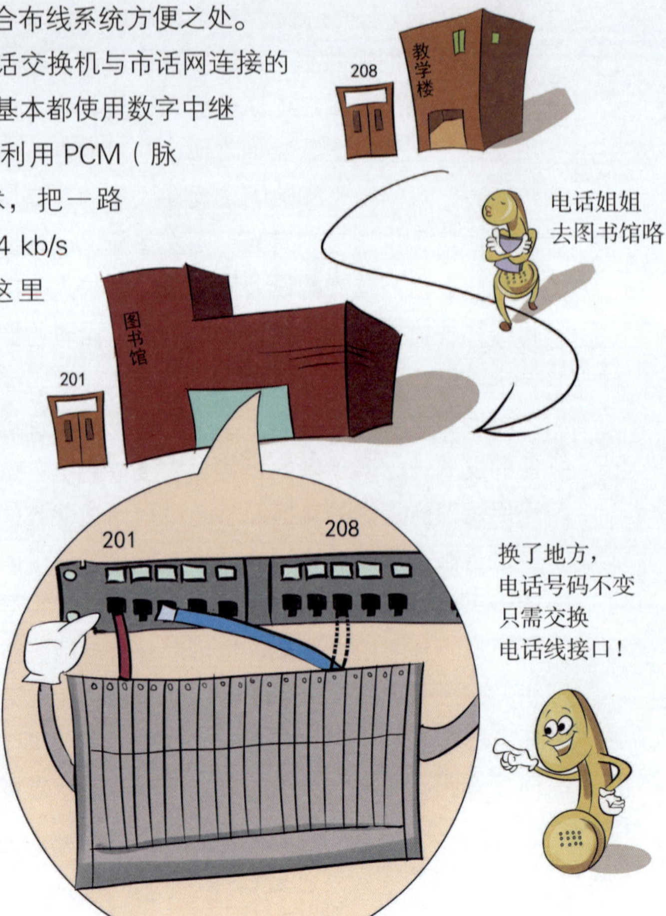

的位指二进制位），利用 TDM（时分复用）技术，可以把 30 路数字电话信号组成 2 Mb/s（兆位/秒）的数据流在一对双绞线上传输，就是说一对双绞线可以传输 30 路电话。

随着光纤通信技术的兴起，越来越多主干线路采用了光纤进行传输。光纤对电磁干扰完全免疫，在充斥着电磁污染的今天这是多么优秀的品质啊，不受干扰使通信质量自然能大幅度的提高。光纤的另一个优秀之处就是通信容量大，一根光纤可以轻松地承载 140 Mb/s 速率的数据，相当于传输 1 920 路电话。利用密集波分复用技术（一根光纤内同时传输多个不同波长的光载波），单根光纤的传输容量超过 10 Tb/s（太位/秒，相当于 10^{12} 位/秒），可传输 1.7 亿路电话！

大楼里的微蜂窝

现在移动电话已经非常普及，在城市里几乎人手 1 台，手持 2 台移动电话的也大有人在。与通过线路连接的固定电话相比，移动电话可以随身携带，随时随地地使用，确实非常方便。移动电话有数不清的优点，但也有闹心的事情。电池没电是其一，不过这种事情可以预测和预防，还比较好说，而另一件事情我们就几乎无法招架了，那就是信号不好。大家经常会听见这样的对白："这里信号不好，我换个地方跟你说。"

移动电话是依靠无线电信号进行通信的，现代建筑常用的钢筋混凝土墙体以及全封闭式的外装修对无线电信号有很强的屏蔽作用。所以很多时候室内的手机信号都不太好，这在大型建筑的中心，电梯里、地下停车场、地下商场等环境尤为严重。为了保证建筑物内移动通信的畅通，在智能建筑中都会建设室内移动通信覆盖系统。

室内移动通信覆盖，就是把基站的信号通过有线的方式直接引入室内的各个区域，再通过区域天线发送出去，同时天线也接收移动终端的信号放大后送回基站，从而实现移动终端的双向通信。通过合理配置室内天线，可以消除室内无线覆盖盲区，保证各个区域都有理想的信号覆盖，为建筑物内用户提供稳定可靠的通信信道，从整体上提高移动通信网络的服务质量。

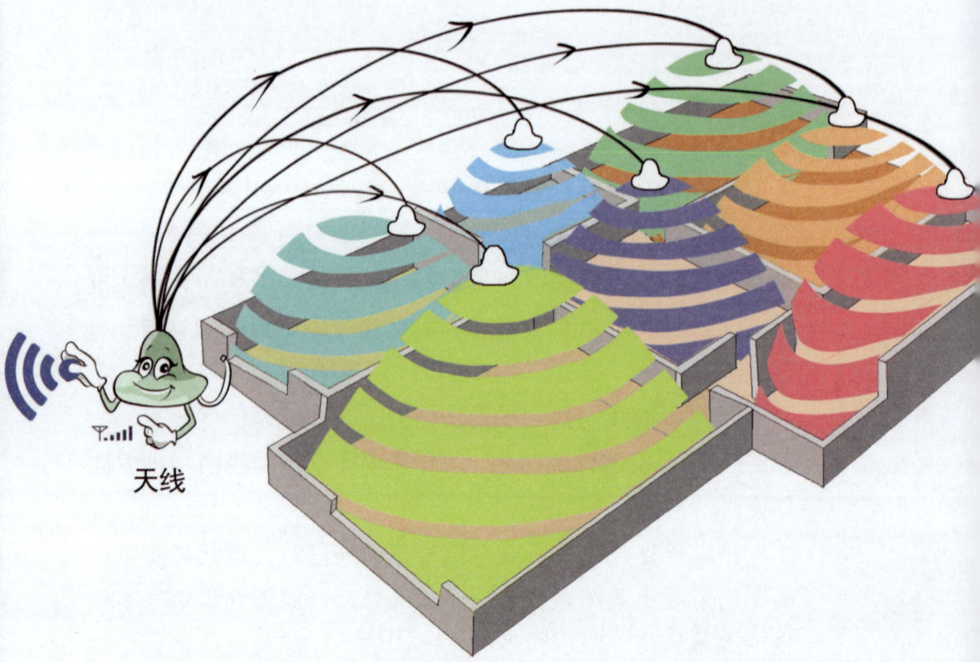

小知识：

室内移动通信覆盖的方式

主要有微蜂窝和室内直放站。

微蜂窝是相对于大铁塔式的宏蜂窝而言的。微蜂窝的发射功率只有2瓦左右，覆盖半径也只有几百米。微蜂窝应用的目的首先是解决一些信号难以覆盖的盲点区和阴影区，比如隧道、地下空间、大型建筑物内部等区域；其次还可以解决商业中心、交通要道、娱乐中心、会议中心的话务热点区域的信号覆盖。

室内直放站一般在室外信号较好的地方设置高增益天线负责与基站通信，然后通过有线方式连接室内天线，实现室内与室外无线信号的接力传递，从而实现把室外的信号延伸到室内。这种方式投资少、设备简单，但信号稳定性差，容易产生干扰，整个覆盖区域共享同一种信道，因此只适合于小范围及低话务量的环境。

看看千里眼里面的世界

电视是各家各户不可或缺的电器，有报道说：现代人一生用于看电视的时间加起来超过了9年，仅次于睡眠的时间。人们通过电视就像长了千里眼，可以足不出户地看到世界各地发生的大事，可以欣赏美丽的风光，也可以在电视剧里感受一把心灵的共鸣。

以往的电视信号都是通过无线传输的，电视机通过天线直接接收空中的电视信号。各个城市都会有高高的电视发射塔，发射塔上安装有电视发射天线，由于电视信号只需要广播方式单向传送，往往一个电视塔就可以覆盖整个城市。

随着城市高楼大厦越建越多，建筑物对电视信号的屏蔽和反射使得电视的接收效果越来越差。为解决这一问题，一些大楼先是在楼顶架设高增益天线接收电视信号，然后经过放大后通过有线的形式传送给各个用户，这就是CATV(Cable Television，有线电视系统)。当 CATV 越建越多，覆盖范围越来越大，人们干脆直接从电视台接出信号，完全通过有线方式传送电视信号，形成覆盖整个城市的有线电视系统。

城市有线电视的主干一般采用光纤进行信号传送。现在的建筑物或者建筑群的有线电视系统一般从城市有线电视系统的光节点引出光信号，用光端机将光信号转换为射频信号并通过传输分配系统传送给用户。CATV 的传输系统是一个树状的结构，电视信号从主干放大器输出后就通过分支器、分配器等器件的层层分解，最终连接到我们墙上的电视插座。

小知识：

分配器与分支器

分配器与分支器都是有线电视传输线路上常见的无源器件。分配器的作用是将输入的电视信号平均分成几路输出，常用的有二分配器、三分配器、四分配器和六分配器等。分配器有输出端空余时，需接 75 欧姆负载电阻，否则会影响传输性能。分支器也能把输入的信号分成多路，不同的是它只是取出小部分信号平均分给支线，大部分分给干线继续传输。

在整个传输网络中，传输线路以及插入的分支器、分配器等传输器件都会引起电视信号的衰减。不同的线路以及不同的器件衰减的程度都不一样，为保证每个用户都能分配到合适的信号，网络中线路及各器件的参数都要经过计算进行选择，因此 CATV 网络需要专业人员进行设计和施工。

通过增添一些前端设备，CATV 可以传输自办电视节目或卫星电视，不少高级宾馆都有这样的需要。卫星接收及卫星通信系统也是智能建筑可以按需要选择建设的子系统。

现在大部分城市的有线电视系统都已经数字化。数字电视使用的频率范围与模拟电视相同，所不同的只是数字电视调制的是数字信号，模拟电视调制的是模拟信号。因此，CATV 的传输分配设备无须更改。一般的电视机没有数字信号的解码功能，为了接收数字电视需要外加一个解码设备把

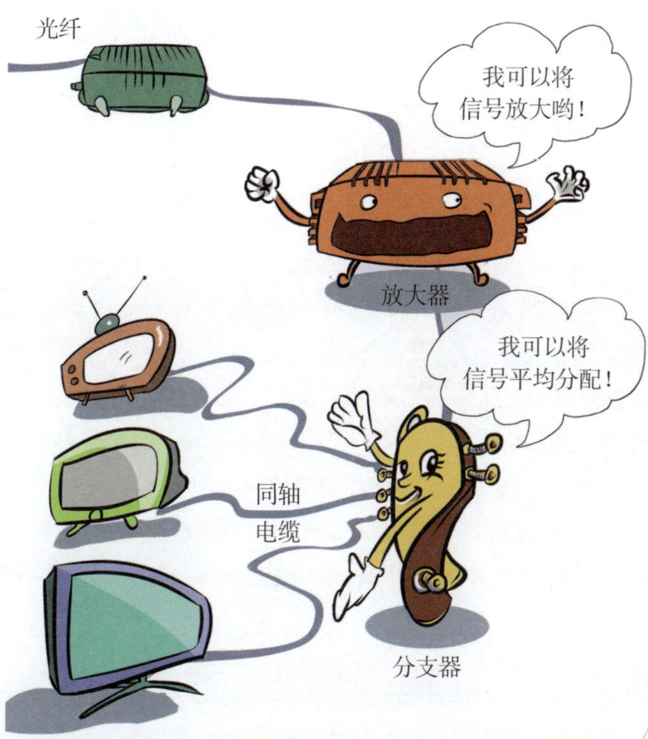

数字信号还原成视频信号后再送到电视机显示，这时电视机的频道选择以及射频信号接收等功能都用不上了，只是作为一台单纯视频显示的设备。由于开始时人们习惯把解码设备放在电视机的顶上，久而久之解码设备就有了一个更亲切的名字——机顶盒。

有线电视网络不仅能传送数字电视信号还能传送其他的数字信息，因此也可用来打电话、上网等等，CATV 从单纯视频的通道变成了一条“信息高速公路”。

小设施为您解决大问题

在智能建筑中还有很多小设施为人们提供种种的便利。我们走进宾馆的大堂经常会听到一阵阵轻快、悠扬的音乐，听着这些音乐心情也会轻松、愉快起来，这就是背景音乐。背景音乐能够掩盖环境噪声并营造一种轻松、和谐的气氛。

小知识：

背景音乐系统里有什么

背景音乐系统和咱们家里的组合音响有点类似，主要由节目源设备、信号处理设备、功率放大设备、传输线路以及扬声器组成。节目源设备通常包括电台调谐器、CD 机、MP3 播放器以及麦克风等；信号处理设备包括调音台、前置放大器等，通过它们对节目源信号进行选择、混合以及各种音效处理后送往功率放大设备；功率放大设备就是把输入的信号放大并通过传输线路推动扬声器发声。

背景音乐系统能够编排节目表，定时广播，也能够划分多个不同的广播区域播出不同的节目。系统设备可通过专用线路或数据网络连接起来实现寻呼及强制切换、优先广播等功能。

在智能建筑中，背景音乐系统通常与紧急广播系统合并使用。当发生火灾等紧急事件时，背景音乐系统会接收到消防报警信号并触发系统的强制切换功能，无论正在播出什么节目都会被强行切换到消防报警广播，而音量也会被调到最大。

我们经常会在智能建筑中见到各种各样的信息显示屏，这些显示屏其实是信息引导及发布系统的一部分，它们向访客以及公众提供信息发布、查询以及告知等功能，例如：可以向大厦里的工作人员发布通知，可以显示大厦里的设施或公司分布，也可显示重大新闻等等。

这些显示屏一般由电脑或智能设备驱动，能够自动播放电脑里预先录制好的文字、图片或视频，这些播放的内容可以通过网络进行更新。通过触摸屏，人们还能够主动地查询所需要的信息。

有些智能建筑里还设有会议系统以及同步时钟系统等，这些小设施为人们的工作、生活提供了方便。随着新技术的不断出现，智能建筑的功能也会不断地丰富，为人们提供越来越细致的服务。

3 集成出来的智慧

信息技术推动智能建筑发展

智能建筑的发展经历了 3 个阶段：监控阶段、综合管理阶段和信息集成阶段。

20 世纪下半叶，以电子技术为基础的自动控制理论和技术已经全面走向成熟，自动控制技术便广泛用于对楼宇机电设施的控制，从而形成智能建筑重要的基础部分 BMS（建筑管理系统）。通过 BMS，人们可以在监控终端上及时地了解设备的运行状态以及各种有用的参数，如温度、风量、水压、电压等；也能通过监控终端对设备的运行参数进行调节，以满足各种要求。

在第二阶段中，人类社会加速进入信息时代，工作及生活中对信息设施的需求呈爆炸式增长，而信息设施因供给相对缺乏成了稀缺资源。建设者纷纷把电话、传真以及数据线路这些稀缺资源引入大厦，作为大厦的基础设施供租户使用，大大方便了人们的工作和生活。各种控制系统的结构和协议逐步趋向统一，通过上层的信息网络系统和计算机系统可以获取各个子系统的数据并进行统一的处理和展现，这就是IBMS（智能建筑综合管理系统）。

目前智能建筑的发展正处于第三阶段。这个阶段的显著特点就是利用信息系统集成技术，通过统一的信息平台有机地融合各个智能子系统的信息、资源及功能，从而实现优化配置、强化管理的目标，并在融合的基础上发展出横向深度联动的综合功能。这就是 IIS（智能化集成系统）。在 IIS 中，通过各种信息化应用系统汇聚 IBMS 中不同子系统的功能提供更完善和更体贴的服务。例如：俗称一卡通的智能卡应用系统，就与安全技术防范系统联动进行出入口及通道管理，与电梯管理系统联动实现自动呼叫和楼层控制，与停车场、空调、照明等系统都可以发生联动。

从智能建筑的发展历程我们看到，智能建筑中的各种设施是智能建筑的基础，就像人的躯体一样，而信息系统通过对这些设施资源及数据的综合利用，为人们提供各种体贴的服务，使人感觉安全、舒适、高效，这种体贴使得建筑物也像有了智慧，信息化程度越高，建筑的智能也越高。信息技术是推动智能建筑不断发展的主要动力。

所以说自动化是智能建筑的基础，信息系统是智能建筑的灵魂，而组成信息系统的各种软件以及计算机服务器、存储设备、通信设备等信息设备也就构成了智能建筑的大脑。

系统集成与集成系统

一个单独的脑细胞不可能有大智慧，当我们大脑中的 100 亿个脑细胞集中起来协同工作时，我们就成了这个星球上最聪明的生物。在现代的建筑物内，有各种各样的自动控制系统以及我们前面提及的信息设施系统，这些系统维持着建筑物的正常运行，人们也通过这些系统对建筑物的运行进行监控和调节。但是，如果仅仅是把这些设施、系统简单地堆砌起来，建筑物充其量只是个神经大条的“傻大个”，只有通过系统集成技术把这些系统有机地整合起来，实现信息互通、资源共享、功能互动，才能称之为真正的智能建筑。

小知识：

什么是系统集成

系统集成是在系统工程科学方法的指导下，根据实际需要，通过优选的技术和产品，将各个分离的子系统连接成为一个完整可靠的、能彼此协调工作的整体，通过系统集成技术建立的新系统称为集成系统。

系统集成并非把相关的子系统简单地堆砌起来，而是要把原来独立的系统进行总体优化设计并集成到一个统一的环境之中，使集成系统能够从更高的层次协调和管理各子系统之间的关系，实现信息资源和任务的共享及一体化管理，从而提高服务质量和管理效率。

系统集成就像一只魔术之手，把平淡无奇的子系统搓搓捏捏就幻化出神奇的智能建筑。下面我们就一层一层地解密系统集成的魔术。

首先，我们解密怎样实现系统互联。把各个子系统有效地连接起来是系统集成的首要任务，只有连接起来才能进行下一步的工作。这里说的连接有物理层接口的连接，也包括

数据通信协议层的连接。有点难理解？不要紧，想想我们经常用的电话网络就会明白的。

我们打电话的过程实际上就运行了网络连接协议：先摘机（把听筒拿起来），然后拨号，在听到对方的应答确认是要找的人后报上自己的大名，然后就可以开始交谈了，谈完后相互道别挂上电话。在这个过程中交谈的内容是传输的有效数据，其他的都可以看作通信协议的内容。如果有人不遵守协议，通信就不能有效进行，例如：先按号码再摘机，通信就无法进行。

数据通信网络是把不同信息设备连接起来的有效手段，正如电话网络能连接很多电话。在智能建筑中通常存在两种类型的数据网络，一类是面向控制设备互联的控制网络，另一类是面向信息处理设备的管理网络。

管理网络就是我们已经非常熟悉的计算机网络，在计算机网络发展初期曾出现了多种不同的网络，但目前的计算机局域网中，以太网以及 TCP/IP 协议几乎一统天下，网络层的互联几乎没有障碍。

实现网络互联只是在子系统之间建立了数据交流的通路，要实现信息资源的共享还需要相互理解对方的数据。最简单的数据共享就是各子系统公开自己的数据存储的结构和定义，这样其他系统就可以直接读取甚至修改这些数据实现数据交换。大多数信息系统会利用数据库存储数据，这样就可以通过访问通用的数据库接口来访问其他系统的数据。

通过操作数据库进行数据共享虽然简单，但有着明显的缺陷：首先，当一个系统修改了数据库结构后，其他与之有关子系统的程序都要跟着更改，否则还是按照旧的结构进行

操作就会出错；其次，如果赋予外部系统写入数据的权限，就可能由于外部系统的失误使错误的数据传入自己的系统，而这种权限本身就是一种安全漏洞容易被黑客及别有用心的程序利用；第三，完整的数据结构多多少少会涉及一些商业机密，完全公开会造成泄密。

为了解决这些问题，新的信息系统不再公开完整的数据库结构，而是通过公开一系列的数据访问接口，实现与外部系统的数据交流和共享。Web Service（万维网服务）就是一种使用得较多的标准接口，它通过类似网页访问的方式向目标系统查询数据或提供数据给目标系统。系统间交换的数据也越来越多地采用标准的XML（可扩展标记语言）。这样在数据交换时就无须关心其他系统内部的数据格式以及处理方式，只需要关心接口内容就可以了。

直接访问数据库容易产生安全漏洞

通过接口查询安全可靠

小知识：

什么是 XML

XML，可扩展标记语言，是一种结构性的标记语言，可以用来标记数据、定义数据类型。它非常适合 Web 传输，提供统一的方法来描述和交换，独立于应用程序或供应商的结构化数据。

XML 允许用户定义自己需要的标记，使得它几乎可以描述所有的结构化数据。例如：传统通过网络传送一个人的资料可能是这个样子的："张，三，170，65"。这时所有的数据接收者都还需要知道这组数据的结构描述才能正确解读数据的内容："姓，名，身高，年龄"。如果数据的传输顺序错了，或者中间多了个数，都会导致数据解读的错误。如果用 XML 来传输数据会是这个样子：

<个人资料 姓 = "张" 名 = "三" 身高 = "170" 年龄 = "65" />

显然这个数据的内容包含了结构的描述，顺序的改变、数据项的增减都不会影响对有效数据项的解读。

在实现了数据共享后系统集成就要施放它最后的魔术——建立智能化集成系统。建筑智能化集成系统就是将不同功能的建筑智能化系统，通过统一的信息平台实现集成，以形成具有信息汇集、资源共享及优化管理等综合功能的系统。

智能化集成系统的功能：一方面，以满足建筑物的使用功能为目的，确保对各类系统监控信息资源的共享和优化管理。对于这一方面的基本要求，就是要实现对各子系统能够进行集中的监视和管理。例如：只要登录上一台控制电脑，就可以了解大厦的用电、用水、通风等的情况，可以按区域同时显示各子系统的运行状态等。在此基础上还需要优化各子系统的运行，实现各子系统的联动。另一方面，智能化集成系统应在对各智能化子系统实现有效融合后，建立智能系统的信息共享平台，并以建筑物的建设规模、业务性质和物业管理模式等为依据，建立实用、可靠和高效的信息化应用系统，以实施综合管理功能，例如工作业务应用系统、物业运营管理系统、公共服务管理系统、智能卡应用系统和信息网络安全管理系统等。

信息化应用是智能建筑的“灵魂之窗”

人的眼睛被称为灵魂之窗，纯洁的人眼睛如秋水般清澈，睿智的人眼睛如星空般深邃。在智能建筑中，各种信息化应用系统就像灵魂之窗，我们可以从中窥探建筑的智慧。

智能建筑的信息化应用系统是以建筑物信息设施系统和建筑设备管理系统等为基础，为满足建筑物种类业务和管理功能的多种类信息设备与应用软件而组合的系统。信息化应用系统的很多数据都来源于信息设施系统、设备管理系统等智能建筑的基本子系统，而信息化应用系统的处理结果又往往会作用于这些基本子系统，影响子系统内设施的使用或运行状态参数，因此信息化应用系统的功能和性能能够综合地体现建筑物的信息化程度与智能化水平。太多抽象的概念，比较难理解，是吗？不要紧，下面我们就具体地说说智能建筑的信息化应用系统有些什么内容。

我们先说说物业运营管理系统。提起物业管理，我们很自然地会联想到，每个月都要缴交物业管理费，物业管理公司那台电脑会记得你是否有欠费，现在累计要交多少钱等，交完费还会打印发票或收据给你。这就是物业运营管理系统吗？对……了小半！

小知识：

什么是物业与物业管理

物业是指已建成并投入使用的各类房屋建筑及其附属设施、设备和相关场地。个人、家庭、企业或企业集团拥有的房产、地产均可称为物业，它可以是一个住宅单元、一个住宅小区或者是商业大厦、宾馆、体育馆等。

物业管理就是以专业化的手段保持建筑的完好，保证其配套的设施、设备和场地能正常使用，对物业环境进行统一的养护、整治和管理，使物业发挥最大的使用价值和经济价值。其管理的对象是物业，服务的对象是人。

物业运营管理系统是一类功能相当丰富的管理信息系统，它运用计算机技术、数据通信技术，通过专业的计算机软件对建筑物内各类设施的资料、数据、运行和维护进行规范和高效的管理。它的主要功能有物业资源管理、物业收费管理、服务监督管理、设备管理、服务监督管理、维修管理、固定资产管理、物料管理、能耗管理、文档资料管理、保安消防管理以及物业环境管理等。可见，收取物业管理费只是物业营运管理系统众多功能中的一种功能。通过物业运营管理系统实现物业管理的自动化、信息化可以有效地提高物业管理工作的效率和服务水平，使物业管理规范化、程序化和科学化。

公共服务管理也是部署比较多的信息化应用系统，它的主要功能是进行各类公共服务的计费管理、电子账务和人员管理，例如：电话、电视、计算机网络等的通信费，水、电、空调等的耗能计费等。从广义上看，公共服务管理还会包括应急管理与应急服务，通过信息系统快速、高效、规范的应急机制，可以在突发事件或危机状态下，有效地检测、收集和处理相关信息，对紧急事件的处理进行自动决策或提供决策支持，使用户得到最佳的应急服务和安全保障。

信息化应用系统还有公众信息服务系统、智能卡应用系统、信息网络安全管理系统、工作业务应用系统等。上面说到的这些信息化应用系统只是一种分类，在具体应用中名称可能很不一样，但实现的功能和目标是一致的。透过信息化应用系统我们也能了解到建筑的智能化程度。

信息化应用系统不仅提供给物业管理人员使用，还提供了业主、租户、访客等物业使用者的接口，通过这些接口能实现网上报障、增值服务申请等各种服务功能。作为整个智能化系统控制中枢的信息系统，就像智能建筑的大脑一样承担着各种信息的收集、分析、处理以及决策工作。各个信息化应用系统的应用界面就像一个个窗口，是我们能够体验和感受到建筑的“智慧”。

通过上面的描述，我们已经感受到：不同的信息化应用系统之间不是割裂的，而是能够相互联系、协同工作的，这种联系越丰富、越顺畅也会在一定程度上反映出建筑越聪明。就像聪明人的脑细胞，一般有较多的突触。

三　智能建筑的五脏六腑

小故事 现代自动控制装置的始祖——改良蒸汽机

蒸汽机的广泛使用引发了第一次工业革命，在第一次工业革命的旗帜上还飘扬着一个不朽的名字——瓦特（James Watt）。不少人以为蒸汽机是瓦特发明的，事实上蒸汽机在瓦特之前早就出现了，不过那时的蒸汽机输出的功率很不稳定，难以作为通用的机械动力。

当时很多机械工程师都在为蒸汽机的稳定动力输出而苦恼，瓦特也是其中一员。他想：既然我无法控制蒸汽的产生量，但如果在蒸汽的出口有一个可以调节的阀门不是照样可以获得稳定动力吗？按照这个思路，瓦特试验了很

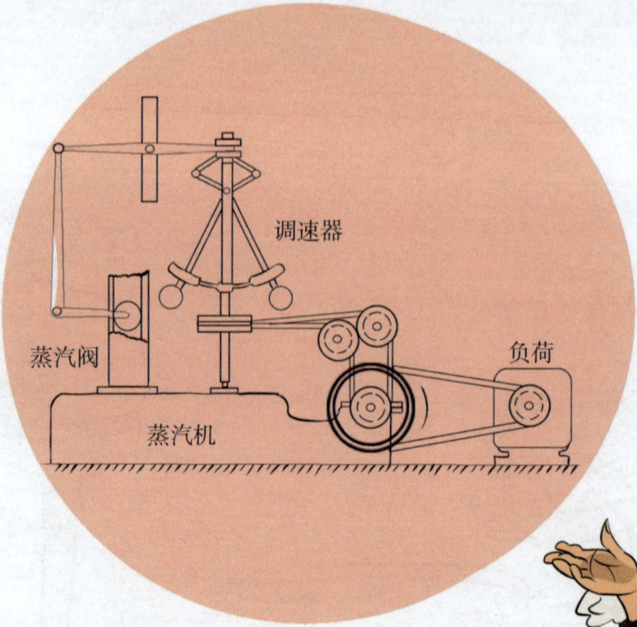

多种办法，但效果都不理想，后来他看到风力磨坊里为稳定磨盘旋转速度而使用的飞球突然灵光一闪，有了！他赶紧设计了一个装置，这个装置有一条金属杆连接到蒸汽机的转轴上，金属杆上装了两个对称的可自由上下摆动的悬臂，悬臂末端是一个金属球。当蒸汽机的转轴旋转时，由于离心力的作用金属球就会向上升起，蒸汽越多转速越快就升得越高。瓦特在悬臂的下方设计了一个可随悬臂开合而升降的套筒，套筒又与蒸汽阀门连接，这样转速太高时，悬臂挥得很高，蒸汽阀门就被关小，转速下降；转速太低了，悬臂下垂，蒸汽阀门被松开，转速回升。这样，蒸汽机可以自动保持稳定的转速，既保证安全，又方便使用。从此，蒸汽机成了广泛使用的机械动力源，从而引发了第一次工业革命，而瓦特的名字也名垂千古。

瓦特发明的这个装置现在称为离心调速器，这是现代自动控制装置的始祖。在智能建筑中自动控制设备几乎无处不在，灯光、空调、电梯都离不开自动控制设备，如果说信息系统是智能建筑灵魂，各种自动控制系统就是智能建筑的五脏六腑，它们维持着智能建筑的运行，是智能化系统的基础。

小知识：

建筑物设备管理系统

建筑物设备管理系统（BMS）是智能建筑的重要子系统，它采用自动控制技术及信息处理技术，具有对建筑机电设备测量、监视和控制功能，确保各类设备系统运行稳定、安全和可靠并达到节能和环保的管理要求。监视和控制的范围主要包括制冷制热系统、空调系统、给排水系统、电力系统、照明控制系统和电梯管理系统。

1 建筑的呼吸系统——中央空调

为什么需要空调系统

人需要不停地呼吸，吸取新鲜空气，排出二氧化碳。建筑物内部也需要不断补充新鲜空气，人才能在里面生存。我们家里几乎每个房间都有对外的门或窗，通过窗口、门缝就能依靠自然空气流动不断补充新鲜空气。现代的大型建筑由于体型庞大，不少区域难拥有通向外部的气流通道，就算有可能也会因为气流通道过于蜿蜒曲折空气难以自然流动，通过自然通风很难保证各个区域都能补充足够的新鲜空气。

因此，这些建筑物一般采用半密封或全密封的设计，通过空调系统为建筑物内部补充新鲜空气，就像人的呼吸系统一样。我们家里的空调主要是用来调节环境温度，夏天太热了就用来制冷，冬天太冷了就制热。中央空调系统除了调节温度，还有更多的责任，例如能够对湿度、洁净度和空气流动速度进行调节，使人感觉更加舒适。通过中央空调系统在建筑物内建立的小气候，使人们的工作及生活摆脱了自然气候的影响，大大改善了人们的生活质量。

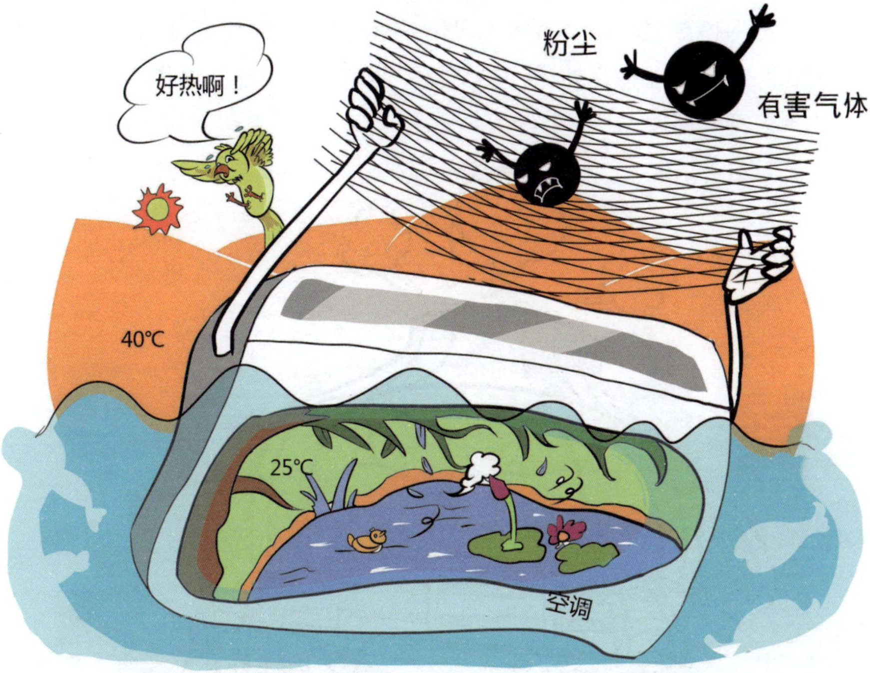

采用中央空调后，室内温度相对稳定，空气也经过过滤净化，室外空气中飘浮的灰尘、花粉和其他有害的气体、颗粒就无法进入室内，使建筑物内能保持清洁和拥有有益人体健康的环境。这不仅有利于人的健康和工作效率，也能保证建筑物内各种设备的正常运转，延长各种物品的存放和使用寿命。这也是部分小型建筑物也采用封闭设计的原因之一。

中央空调与家用空调有什么不同

在建筑物的旁边或者天台上，我们时常会看到排列着几个大大的圆塔，有人说那就是中央空调。这个说法其实不准确，那些圆塔其实只是中央空调的一个部件，叫作冷却塔。因为冷却塔要放在室外进行热交换，所以就成了曝光率最高的中央空调部件。

我们家里的分体式空调机由室内机和室外机组成，室内机实际上是一个蒸发器，室外机主要的部件就是压缩机和冷凝器。制冷时，压缩机将蒸发器内的低压低温冷媒气体压缩

成高温高压的冷媒气体传输到冷凝器中，通过加压，冷媒气体变成液体同时放出热量；冷媒液体通过节流阀进入蒸发器后，压力变低，由液态变成气态，同时吸收周围的热量使温度降低，从而实现制冷。

中央空调基本原理与家用空调相同，但整个结构复杂得多。大型的中央空调系统一般由冷热源系统、空调机组、新风机组、风路系统以及相关的控制系统组成。

我们先看看冷热源系统。中央空调的制冷功率要比家用分体式空调的大得多，冷凝器要是用风冷必须做得很大，于是人们就在冷凝器上加上了水冷系统。水冷系统就是把冷凝器直接泡在水里面，显然水的热交换效率比空气要高得多，从而有效地提高冷凝器的工作效率。

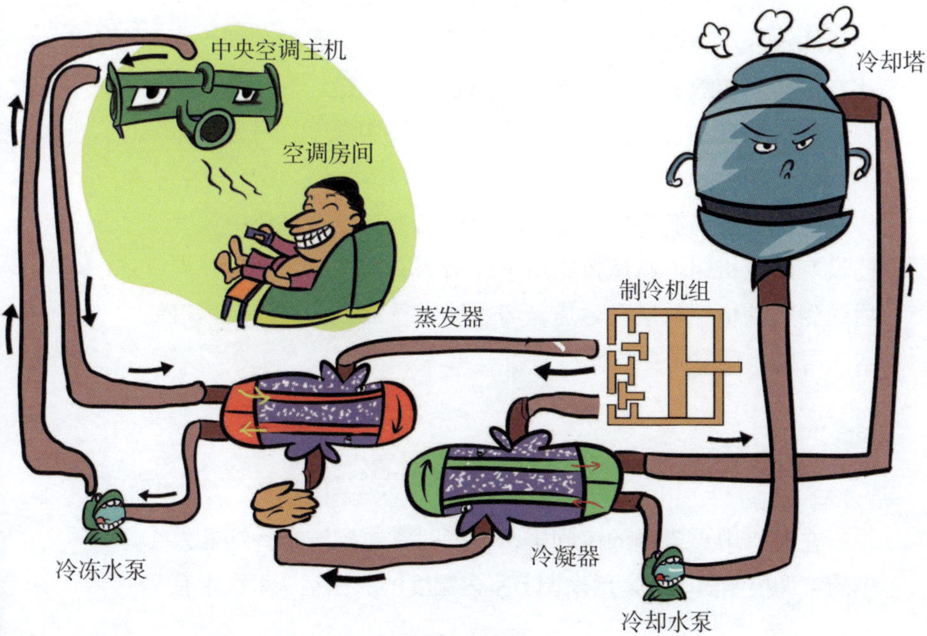

在蒸发器这边，情况也一样。对于规模较小的系统，可以由风机将处理后的空气经风道送到各个房间，这称为集中式空调。但直接把低温冷风送到几十层楼需要多粗的风管才够用啊，所以规模较大的建筑会采用半集中式空调系统。这种空调系统中增加了一个冷冻水循环，把蒸发器的冷量通过冷冻水传输到楼层或空调分区作为各分区空调机组的冷源。各空调机组负责自己分区的空气处理，实现对环境温度的调节。

流动的空气更容易带走身边的热量和废气，所以人们在低速流动的空气中，比在静止的空气环境中感觉更舒适。通过调节送风与回风的风速，就可以营造体感舒适的空气流动速度。

过滤器相当于家用空调的过滤网，可过滤掉空气里的灰尘等有害物质使空气变得洁净。盘管则是调节空气温度的部件，盘管内流动着冷水或者热水，空气流经盘管的热交换网就会被冷却或加热。一些空调机组里还有喷雾装置可以调节空气的湿度。通过检测装置，人们可以了解机组的各种运行状态，检测的数据也作为自动控制系统的反馈信息。通过控制装置可以控制各个阀门的开启，从而控制温度、风量、新风和湿度等。

为保证室内有良好的空气质量，在中央空调系统中还专门设有新风机组。新风机组从室外吸取新鲜空气，经过处理后送到空调机组的送风通道，与循环空气混合后通过送风口送入房间，使室内空气保持清新。

空调系统的节能与智能化

在装有中央空调的房间里，我们时常看到一个香烟盒大小的空调控制器，它是用来调节室内温度的。在空调系统中有温度传感器，在制冷状态下，当传感器检测到室内温度高于设定值时，会通过控制机构增加风阀的开度以增加进入房间的冷风量，或者通过增加盘管冷冻水阀的开度加速盘管冷却以降低冷风的温度，进而增加输入房间的冷量使室内温度降低。

从这个例子可以知道，要对设备的运行状态进行控制，首先要收集设备运行情况以及相关的环境数据，收集数据的工作通常通过各种传感器完成。如上面提到的温度，就是通过温度传感器把温度变成用电表示的数字量，传递到智能化系统中。又如，我们需要了解空调机组中的过滤器是否脏了，就可以在过滤网两侧装上压差传感器。当风通过过滤网时，由于过滤网有阻力两侧就会形成气压差，当过滤网的微孔被灰尘阻塞后，空气越难通过，阻力就越大，气压差就越大。当压差达到一定程度时，我们就知道过滤网变脏需要清洗了。

在空调系统中还会根据需要设有空气质量传感器，检测

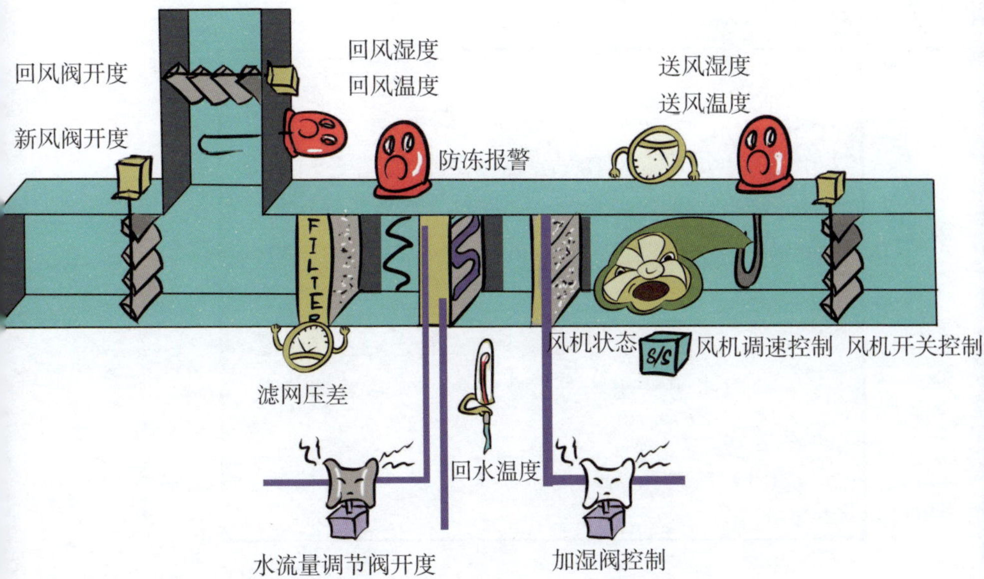

空气中二氧化碳以及其他有害气体的浓度。如果二氧化碳含量高了，就会增加新风供应，而对于没人活动的房间，需要的新风就很少。这样既能够保证人感觉到空气清新，又不会浪费能源。

有统计显示，我国建筑能耗占社会商品能源消费量的20%以上，而建筑里的空调系统能耗又占了建筑能耗的50%以上。所以，空调节能以及错峰用电意义非常重大。

由于空调用电量巨大，通过空调设备的错峰用电能使电网更稳定地运行。大家也许奇怪，空调怎么能错峰用电呢?难道是半夜三更开着空调，那白天怎么办?没错，就是半夜三更开空调，不过这时空调不是把冷风送到办公室，而是利用制冷机组制冰，通过冰把冷量存储起来，这样白天就不要那么多电能进行制冷了，从而达到错峰用电的目的。

延伸阅读

空调系统的智能化要求

（1）压缩式制冷机系统和吸收式制冷系统的运行状态监测、监视、故障报警、启停程序配置、机组台数或群控控制、机组运行均衡控制及能耗累计。

（2）蓄冰制冷系统的启停控制、运行状态显示、故障报警、制冰与溶冰控制、冰库蓄冰量监测及能耗累计。

（3）热力系统的运行状态监视、台数控制、燃气锅炉房可燃气体浓度监测与报警、热交换器温度控制、热交换器与热循环泵连锁控制及能耗累计。

（4）冷冻水供、回水温度、压力与回水流量、压力监测、冷冻泵启停控制（由制冷机组自备控制器控制时除外）和形态显示、冷冻泵过载报警、冷冻水进出口温度、压力监测、冷却水进出口温度监测、冷却水最低回水温度控制、冷却水泵启停控制（由制冷机组自带控制器时除外）和状态显示、冷却水泵故障报警、冷却塔风机启停控制（由制冷机组自带控制器时除外）和状态显示、冷却塔风机故障报警。

（5）空调机组启停控制及运行状态显示；过载报警监测；送风、回风温度监测；室内外温度、湿度监测；过滤器状态显示及报警；风机故障报警；冷（热）水流量调节；加湿器控制；风门调节；风机、风阀、调节阀连锁控制；室内一氧化碳浓度或空气品质监测；（寒冷地区）防冻控制；送回风机组与消防系统联动控制。

（6）变风量（VAV）系统的总风量调节；送风压力监测；风机变频控制；最小风量控制；最小新风量控制；加热控制；变风量末端（VAVBOX）自带控制器时应与建筑设备监控系统联网，以确保控制效果。

（7）送排风系统的风机启停控制和运行状态

显示；风机故障报警；风机与消防系统联动控制。

（8）风机盘管理机组的室内温度测量与控制；冷（热）水阀开关控制；风机启停及调速控制。能耗分段累计。

空调节能的方法

（1）对冷热源的节能控制。根据负荷需要空气启动的机组数，灵活调节机组负荷，既满足室内负荷需要也能使冷热源保持较高的工作效率。

（2）冷却塔节能控制。在保证冷却水温度要求的前提下，尽量少开冷却塔风机。

（3）空调机组节能控制。采用变风量系统，在满足室内冷/热负荷的前提下，尽量减少冷/热水量和风量。根据空气质量动态调节新风量。

（4）采用变频调速技术，节约低负荷时主机系统和水泵、风机系统的电能消耗。

2 建筑物的心血管系统——供配电设备

电是怎么送到办公室的

人体通过心血管系统，把血液输送到各个器官，使各个细胞能够获得能量而维持正常生理功能。在智能建筑中，供配电系统就像我们的心血管一样，把电能输送到各个需要的地方，使各种电器设备能够正常地工作。

电能是现代建筑的主要能源。建筑物里的空调、照明、电梯、消防、安防、通信以及计算机、复印机等电子办公设备无一不需要用电。在智能建筑中，除常规建筑的设备外，还配置了大量依靠电力工作的智能化设备，因此智能建筑对电力的可靠性及电力质量的要求更加高。

电能对智能建筑的重要性就像血液对人体一样重要。人体没有血液就会死亡，智能建筑没有电能后所有的智能也会

“死去”，为人们带来舒适、方便和效率的电子设施都无法运行，人们难以在失去电力的智能建筑中生活甚至生存。不过，比人幸运的是，当恢复电力供应智能建筑能够“复活”。

对于中大型建筑物或建筑群，一般从公共电网引入6 000伏以上的高压电，再通过变压器降成380伏的三相电，这三相电的任意一相与零线的电压就是我们常用的220伏。为保证电力供应，智能建筑一般都有双回路供电，即从公共电网不同的变电站引入两条甚至更多的高压线路，这样当一条线路进行检修或出现故障时，可以由另一条线路供电，从而保证建筑物有可靠的电力。

为了预防万一，一些建筑物还会自备应急发电机，当外部供电中断时，启动应急发电机发电，保证建筑物关键设施的电力供应，如消防系统、安防系统、智能化设施等一级负荷。由于供电回路切换或发电机启动需要一定的时间，对于计算机等不能意外断电的设备还需配备UPS（不间断电源）供电。UPS可以在外部断电时立即通过内部蓄电池进行供电，使用电设备可以连续工作。

小知识：

用电负荷分类

电力网上的用电设备所消耗的功率称为用电负荷。根据用电设备的规模、功能、性质及其在政治、经济上的重要性，一般可分成3个不同的负荷等级，对不同等级的负荷提供不同的供电保障，以保证供电系统的安全性、可靠性和合理性。

一级负荷：中断供电将造成人身伤亡、重大政治影响、重大经济损失或公共秩序严重混乱的特别重要公共场所的用电负荷。例如：医院手术室，重要交通、通信枢纽，大量人员集中的公共场所，以及一类高层建筑消防设备等用电单位或设备。

二级负荷：中断供电将造成较大政治影响、较大经济损失或公秩序混乱的较多人员集中的共场所的用电负荷。

不属于一级和二级负荷的用电单位或设备为三级负荷。

从外部输入的高压电通过变压器变成低压（这里是指380伏/220伏，强电中的低压）后要经过一系列的线路、开关等配电设施才能到达我们的办公室，这称为低压配电。低压配电就是把变电所输出的低压电力合理地分配到各个需要用电的地方。智能建筑里用电负荷种类较多，低压配电系统的组织是否合理会直接影响建筑物内电力系统的安全性与经济性，也会对各个智能系统的稳定、可靠运行造成影响。

低压配电的接线方式有放射式、树干式和环形这几种基本形式。放射式接线是一组配电线路单独为一个独立负荷或一组集中的负荷供电，特点是引出线发生故障时互不影响，供电可靠性高。但在一般情况下，金属消耗量大，使用开关设备较多，这种接线方式适用于设备容量大或负荷性质重要、潮湿及腐蚀性环境中，例如：大型消防系统、中央空调的冷冻机组等。对于楼层用电较大的大厦，也可采用一层楼一组

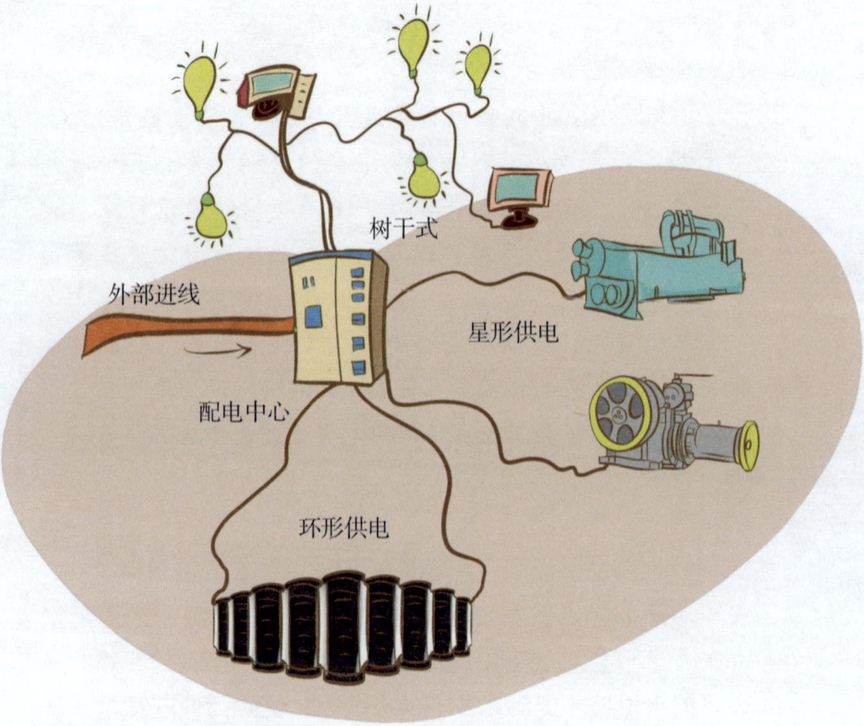

线路的放射式配电方案。

树干式接线在一般情况下采用的开关设备较少，能节省供电线，但当干线发生故障时影响范围大，供电可靠性比较低。适合于功率较小、相对不太重要的场合。

环形接线的供电可靠性较高，任何一条线路发生故障或检修时，都不至于供电中断。另外，该接线的电能损耗和电压损耗较少。但该接线的保护装置及整定配比较困难，配合不当，易产生误动作，影响正常供电。

在实际应用中，建筑物内往往根据需要混合使用不同的接线方式，如：一级、二级负荷采用放射式，三级负荷采用树干式或环形式。

在智能建筑中单相设备多，配电时需要考虑三相的用电负载均匀，避免三相配电负荷不平衡，保证电网能安全高效地运行。

为供配电设备保驾护航的监控系统

美国东部时间 2003 年 8 月 14 日下午 4 时 20 分左右，美国纽约市曼哈顿首先发生大面积停电，继而影响到美国东部和加拿大部分地区，将近 5 000 万人受到影响，损失高达 60 亿美元。在电网崩溃前几个小时已经出现了事故征兆，首先有三家电厂因故停机，接着主干输电线路中断，这些“小”故障当时没有得到及时的、正确的处理，最终事故爆发时，覆盖美国东部及加拿大部分地区的巨大电网在 79 秒内迅速崩溃。

当然，建筑物供配电系统的规模不可与大型电网相比。但由于电力传输速度快，因此供电系统的故障传导速度往往会超出人们的想象，小问题一不留神就会酿成大事故。智能建筑离不开电，为了保证可靠的电力供应，我们需要时刻关心供配电设备的工作情况，发现问题及时处理，把故障消灭在萌芽状态。

供配电设备监控系统能帮助我们随时了解设备的运行状态，并对关键节点的电流、电压、功率因数、温度等参数进行测量和记录。管理中心根据测量的数据进行统计分析，通过专家系统的判断及时发现隐藏的问题，预告维护保养。这些统计数据还可作为用电计费的依据。

延伸阅读

智能建筑设计中要求
选择配置的供配电监控项目

供配电系统的中压开关与主要低压开关的状态监视及故障报警；中压与低压主母排的电压、电流及功率因数测量；电能计量；变压器温度监测及超温报警；备用及应急电源的手动/自动状态、电压、电流及频率监测；主回路及重要回路的谐波监测及记录。

在智能建筑中有大量的计算机和办公电子设备，这些设备一方面对电源的质量比较敏感，另一方面它们大量使用的开关电源是配电系统中主要的谐波源和波动源，虽然这些设备一般容量较小，但累积起来就不可忽视了。因此，供电情况的监测除了采集电压、电流、功率、电能等常规参数，还要考虑谐波、闪变、电压暂升暂降等电能质量指标，用于评估不良的电能质量给智能建筑中各种设备带来的危害。

针对智能建筑中常见的谐波，一般可以采用有源或者无源滤波器吸收电网中的谐波电流以减少谐波，或通过提高供电系统的短路容量，减小谐波源对其他用电设备的影响。对于三相不平衡现象，可通过合理设计单相负载的安装位置等加以消除，另外可增大中性线截面，避免中性线长期过流导

致的导线局部温升过高，绝缘老化现象，消除引起火灾事故的隐患。对重要的、敏感的负载使用在线式 UPS，可以有效地降低电能质量问题对负载运行的影响。

为我们带来光明的照明系统

人类最初只能依靠太阳提供照明，一到晚上只能利用月亮提供一点微弱的光线。火堆则是提供人类照明的第一个光

源，之后出现的火把、油灯都是用火照明，直到 1880 年爱迪生发明了实用的电灯，人类才进入了电力照明的时代。

现代建筑离不开人工照明，照明是建筑的用电大户仅次于空调系统。照明质量的好坏直接影响人们的工作效率，良好的照明使人心情愉快、反应敏捷，反之容易产生视觉疲劳，甚至无法工作。

照明质量主要由照度和色温决定。照度就是光的强度按照国家标准办公场所的照度应该 300~500 勒，色温 3 300~5 300 开。色温低，颜色偏黄，人感觉温暖，色温高，颜色偏蓝，人感觉清冷。除了亮度、色温，在照明系统及灯具选择时还应考虑照度的均匀度、灯具平均亮度以及直接灯具的遮光角等因素，避免产生人与物的黑相与玄光。

延伸阅读

智能建筑对照明的管理要求

大空间、门厅、楼梯间及走道等公共场所的照明按时间程序控制（值班照明除外）；航空障碍灯、庭院照明、道路照明按时间程序或按亮度控制和故障报警；泛光照明的场景亮度按时间程序控制和故障报警；广场及停车场照明按时间程序控制。

在智能建筑中多采用分布智能照明控制系统，可按照照明的功能设计不同的监控方式。对于走廊、楼梯、大堂等公共区域照明，可以节电为原则进行集中控制和管理，如：具有自然光的走道在白天及晚上下班后可以断开照明电源。这种功能可以光度传感器加定时开关实现：当光度传感器达到一定的光度或进入定时关灯时段时，关闭此区域的照明电源。对于要保留部分值班照明的走道，把走道灯分成若干组，可通过程序控制，使不同组的灯轮流“值班”以延缓灯具老化，有利于管理。对于走火楼梯等平时比较少人活动的区域，可采用动静传感器控制灯具，当传感器感应到人体的红外线或人发出的声响时，才接通灯具的电源。对于大堂等区域，可以根据季节或者配合背景音乐切换不同的灯光场景，使人心情愉快。

对于办公室等用户私有区域的照明一般会交由用户自主控制。如果是单位自有的建筑物，也可以进行集中控制。如果办公室有自然采光，人工照明可以按窗户平行的方向进行梯度照度管理，使靠窗户的座位与远离窗户的座位照度相对平衡。

对于高层建筑需要根据航空部门的要求装设高空障碍灯。高空障碍灯一般装设在建筑物突起的顶端，应采用单回路供电和配备后备电源。利用光电传感器自动控制障碍灯的开启和关闭，并对其开关状态进行监控，发生故障时自动报警。

当正常电网停电或发生火灾等事故时，通过系统联动使事故照明、疏散指示照明等应急设施自动进入工作状态，照明监控系统能监视这些设施的工作状态，必要时可以人工干预应急照明。

上面讨论的照明监控可以通过楼宇自动化系统的 DDC（直接数字控制）控制器实现，也可以用专用的照明智能控制系统实现，如果选用后一种方式，需要考虑照明控制系统与 BAS 的软硬件兼容问题。

垂直交通工具——电梯

小故事　电梯的由来

在古罗马的角斗场有一个深坑，角斗士和野兽通过用绳子和木板做的升降架进入深坑里进行搏斗。这样，地面上看台的皇宫贵族能把角斗的全过程看得清清楚楚。这个升降架可以说就是电梯的雏形。这种简单的升降机有一个致命的安全隐患，那就是：一旦用来拉升降机的缆绳断裂，升降机的负载平台就会坠毁，如果人在上面就会性命堪忧了。

历史的车轮缓缓来到了 1854 年的纽约世界博览会。这天，美国一位名不见经传的工程师，伊莱沙·格雷夫斯·奥的斯正在进行一场“自杀”表演。奥的斯站在装满货物的升降机平台上，他先是命令助手将载货平台拉升到观众都能看得到的高度，然后发出信号令助手用利斧砍断升降机的提拉缆绳。“啊！”现场的观众们情不自禁地尖叫起来，然而血腥的场面并没有出现，升降机稍稍下滑便牢牢地停在了半空中。

“看，一切安全，先生们！这就是我的发明，没有危险的升降机！”奥的斯大声向围观的人们宣布道。从那以后，搭乘升降机不再是“勇敢者的游戏”，升降机得到了广泛应用。

奥的斯的升降机里，到底有什么秘密呢？原来，他把防倒转棘轮的齿安装在井道两侧的滑道上，提拉缆拉着止回爪的弹簧，当提拉缆绳绷断后，弹簧释放弹出止回爪，牢牢地卡住两边的滑道，这样负载平台就被固定住了。

安全问题的解决和电力的应用，让真正的电梯登上了历史舞台，一步步走进人们的日常生活。1889 年世界上第一部以直流电动机为动力的轿厢式电梯问世，开启了现代电梯的历史。

电梯是现代建筑特别是高层建筑必备的垂直交通工具。随着技术的进步，电梯速度越来越快，舒适性、安全性越来越高、控制系统也越来越智能化。电梯监控的内容主要是运行状态和故障报警。其中运行状态包括：电梯的启停状态、运行方向和当前所在楼层等；故障检测报警包括：电动机、电磁制动器等各种装置的监测，出现故障自动报警并在终端上显示故障的位置和时间以便及时处理。

在我国，电梯是特种设备，电梯制造商的产品体系相对独立和封闭，电梯控制系统与建筑设备管理系统之间只有简单的对接接口。在建筑设备管理中心，一般设有电梯供应商直接提供的电梯监控系统，用于显示电梯运行状态以及与电梯轿厢的内部通话。

小知识：

什么是特种设备

特种设备是指涉及生命安全、危险性较大的锅炉、压力容器（含气瓶，下同）、压力管道、电梯、起重机械、客运索道、大型游乐设施和场（厂）内专用机动车辆。其中锅炉、压力容器、压力管道为承压类特种设备；电梯、起重机械、客运索道、大型游乐设施为机电类特种设备。

3 帮我们洗刷刷的吸排水系统

小故事　阿基米德螺旋泵

很久很久以前，阿基米德看到农民到河边吃力地提水浇地，被农民的辛劳深深地打动了，于是他开始思考“让水往高处流”的办法。渐渐地，在阿基米德的脑海中产生了一个设想：“做一个大螺旋，把它放在一个圆筒里。这样，螺旋转起来后，水不就可以沿着螺旋沟带到高处去了吗？”

阿基米德立即请木匠按他的设想做出了一个“怪玩意

儿”。阿基米德将这个东西搬到河边，并把它的一头放进河水里，然后轻轻地摇动手柄，只见河水“咕噜噜”地从怪东西的顶端不断地涌出来，水果然往高处流了。这就是最早的水泵，称为阿基米德螺旋泵。直到现在，一些现代工厂仍然使用这种阿基米德螺旋泵来移动流质和粉物。

给排水系统是任何建筑都不可缺少的重要组成部分，水泵则是给排水系统不可或缺的设备。通过水泵可以把水从低处送往高处，或者增加管网压力加速水的流动。一般建筑物的给排水系统包括生活给水系统、生活排水系统以及消防水系统，它们都是 BMS 重要的监控对象。现代建筑的生活给水主要有高位水箱给水、水泵直接给水以及气压罐压力给水等方式。

居高临下：高位水箱给水

高位水箱给水，就是在建筑的最高楼层设置供水水箱，用水泵将低位水箱的水输送到高位水箱，再通过高位水箱为建筑物内的给水管网供水。生活用水与消防用水可以用彼此独立的水箱，也可以共用同一水箱。如果是共用水箱，则需要将生活用水的出水管安装在距离水箱底部一定高度的位置，而将消防水管安装在水箱底部，从而保证消防用水。

对于楼层较高的的建筑，也可以分段设置高位水箱分段供水，例如一栋30层的楼，可以每10层设一供水水箱，分三段供水。但在多数情况下都是用一个高位水箱供水，对于低层用户分区通过减压阀减压后进行供水，避免水压过高。为了对给水系统进行自动控制，需要在高位水箱中设置4个液位开关：溢流水位、停泵水位、启泵水位以及报警水位。控制系统根据这些开关的信号自动控制水泵的启停从而实现自动供水。当高位水箱的水位低于启泵水位时，控制系统启动水泵向高位水箱供水，直到收到停泵水位的开关信号，控制器才关闭水泵。如果这时由于各种原因水泵没有关闭，水位就会继续上升，当水位到达溢流水位开关时，控制系统就会发出声光报警，提醒工作人员进行故障处理。同样，如果水位低于启泵水位而水泵没有启动，随着用水水位降至报警水位，控制系统也会发出报警信号。

为了保证供水和供水量，一些供水系统采用多台水泵并联工作，水泵之间可以互为备用。为了延长水泵的使用寿命，控制器会累计各水泵的运行时间，在启动水泵时，会优先启动累计运行时间最少的水泵。

压力越大泵得越高：水泵直接给水

高位水池容易造成水质污染，还有占用空间及防水防漏等问题，所以有不少建筑采用水泵直接供水。这种工作方式直接用水泵维持供水管网的水压，保证用户的用水，这样就可以取消高位水池，从而消除了高位水池的诸多弊端。

由于建筑物里用水量是不断变化的，这就要求水泵能根据用水量调节供水量，使管网维持相对稳定的水压，这是通过管网的压力传感器与变频水泵联合完成的。变频水泵能够跟随变频器输出不同频率的电压进行转速调节，频率越高，转速越高，输出的水量就越大。当传感器发现压力降低时，由控制器提升变频器的输出频率，增加水量，使水压上升；反之，降低频率，减少供水量，使水压下降。

在多泵并联系统中，通常使用恒速泵与变频泵协同工作的方式。当变频泵的输出达到恒速泵的输出时，用恒速泵接替变频泵的工作，这样可以减少相对复杂和昂贵的变频泵的使用。

对于高层建筑，水泵直接供水也存在高低楼层压力差过大的问题。一种解决办法就是把楼层分区，用不同扬程的泵为不同高度的分区供水；另一种方式也像高位水箱给水那样，用一组水泵供水，在低楼层加装减压阀调节用户端的水压。

采用恒压变频的水泵直接供水，能够保证供水压力稳定，节省空间、节能，避免水池产生的二次污染。但由于没有了高位水池的缓冲，一旦水泵故障或停电，将无法供水，变频水泵以及相关的控制设备也比恒速泵复杂，需要有比较完善的技术服务保障。

压力变成动力：气压罐压力给水

在不适合建立高位水池的建筑物，可以采用气压罐压力给水方式。气压罐就是带有气囊的密封罐体，水泵向气压罐内注水时气囊被压缩，罐体内产生压力。由于罐体内有压力，通过气压罐可以向比它更高的楼层供水，所以不必放置在建筑的顶部。

用水时水从气压罐流出，气囊膨胀维持管网压力，当压力达到下限时，通过自动控制系统启动水泵注水，如此循环往复，保持管网不断供水。

由于压力罐比较难清洗和维护，系统安全系数相对较低，随着自动控制技术及变频技术的成熟，越来越多地用水泵直接给水代替气压罐模式。

在一些建筑物中还会有热水给水系统以及中水给水系统。这些系统的基本上都是离不开水位传感、压力传感以及水泵控制，基本结构都离不开前面讲的三种给水模式，我们就不一一细说了。

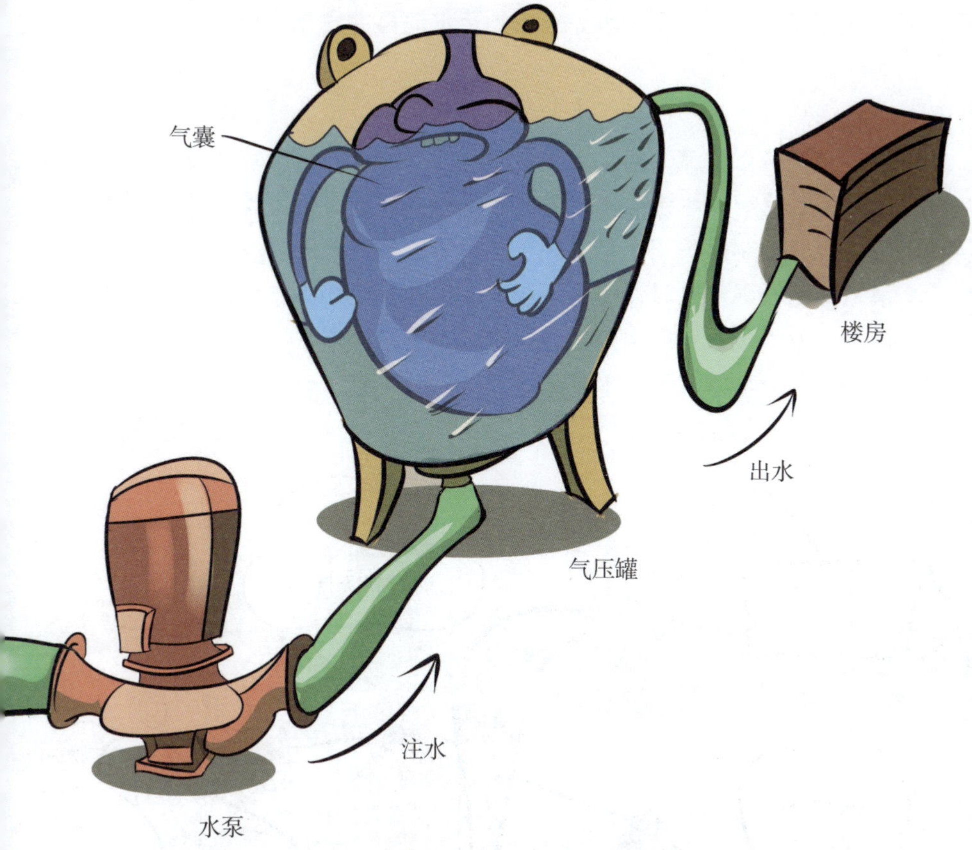

飞流直下：排水系统自动控制

相对于给水系统，排水系统的自动控制会简单很多。对于地上建筑，可以靠污水的重力沿排水管自行排入污水井并进入城市排水管网。对于地下的污水排放，就需要在建筑物的底部设置污水池，污水先集中到污水池再由水泵排放到地面的排水系统。

像高位水箱一样，污水池也设有4个水位传感器，从上到下分别是：溢流、启泵、停泵、低限。污水升至启泵水位时，控制器启动水泵排水，随着污水排出液面下降，降至停泵水位时控制器关闭水泵。如果水泵不能及时关闭，液面继续下降到低限水位时，控制系统发出报警，通知工作人员处理，以免水被抽干后水泵空转使水泵损坏。同样，如果污水上升到溢流水位，说明水泵未能及时启动排水，或者出现来

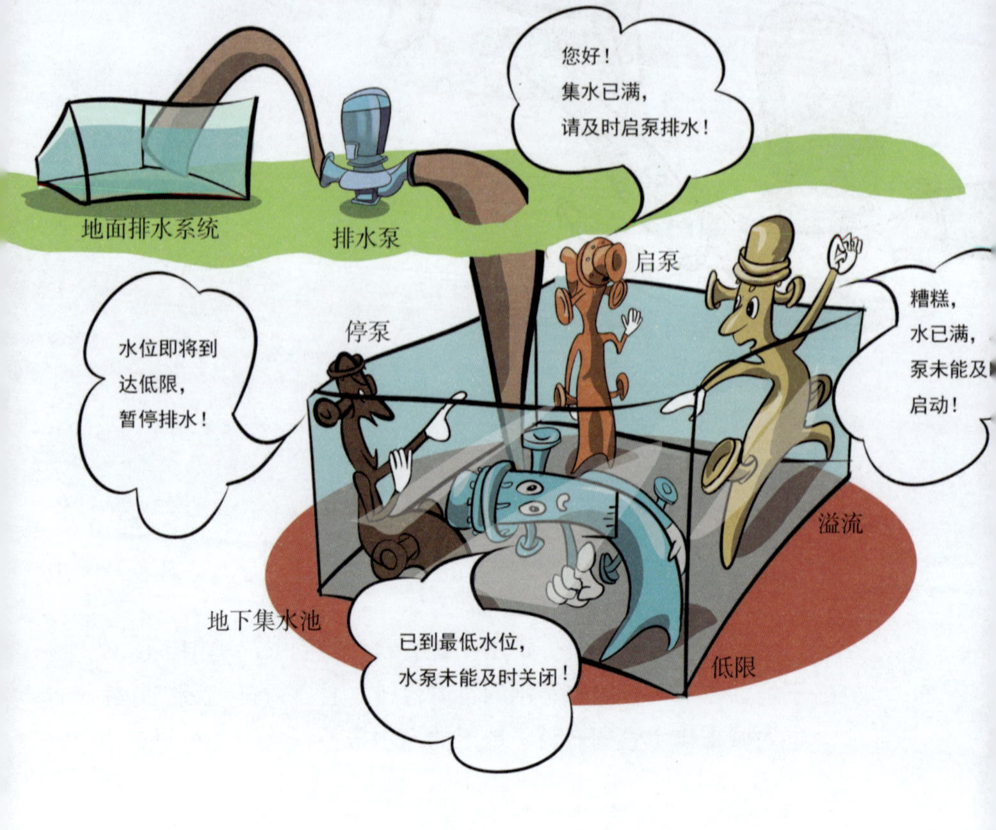

水量超过排水量的异常情况，控制系统也会报警，通知工作人员处理。

在排水管还设有水流传感器，如果控制器发出水泵启动信号后没有水流，说明水泵异常，可以及时地发出报警。

四　智能建筑的免疫系统

小故事 电荷耦合元件的发明

维拉·博伊尔（Willard S. Boyle）和乔治·史密斯（George E. Smith）都是美国贝尔实验室的科学家。1969 年他们在研究基于二极管阵列的影像电话和半导体气泡式存储器过程中，发现了他们研制出来的元件不仅具有光电效应，还能存储通过光电效应在元件表面产生的电荷。在一次又一次测试这种新元件过程中，他们突然灵光一闪，心想：如果把这种元件做成足够密集的阵列不是可以用来捕捉图像吗？这种用来捕捉图像的电子元件称为 CCD(Charge

Coupled Device，电荷耦合元件，更直白地可称为电荷耦合器件图像传感器）。博伊尔和史密斯因发明 CCD 与中国香港科学家高锟共同分享了 2009 年诺贝尔物理学奖。

博伊尔和史密斯发明的 CCD 是智能建筑公共安全系统中广泛使用的器件，在数码相机、数码摄像机内都有 CCD，它就相当于我们眼睛的视网膜，通过它把光线转换成可以存储并有计算机处理的数据，这样我们的数码相机才能拍到照片，摄像机才能看到视频。

智能建筑的公共安全系统，有点像我们人类的免疫系统。人类的免疫系统能帮助我们抵御外界病原体的入侵，并能发现和清理体内的有害微生物及生物性份子。智能建筑的公共安全系统，能防止各种恶意的或者不受欢迎的人员进入建筑，防止建筑内的人员进入非授权的范围，也能在火灾等自然灾害发生时及时发现和做出应对，控制和降低灾害的损失，保证建筑及建筑内人员、设备的安全。

小知识：

公共安全系统是什么

公共安全系统是为应对火灾、非法入侵、重大安全事故和公共卫生事故等危害人们生命财产安全的各种突发事件而构建的应急及长效的技术防范保障体系。内容包括：火灾自动报警系统、安全技术防范系统和应急联动系统等。

1 眼见为实的视频安防监控

说说天眼的秘密

我们走在城市的街道上不时会看到一根白色的铁杆，上面挂着一支或者几支不同形状的摄像机，住宅小区的门口、办公大楼的大堂、电梯里面我们也能找到摄像机的踪影。如果驾车行驶在公路上，路旁更是一溜一溜的摄像机，像站在横杆上的一排小鸟。不过这些“小鸟”不会唱歌，却会帮助警察发现违规的车辆。如果不留神违反了交通规则，摄像机拍摄的视频和照片就是铁证，等待你的将是被罚款、扣分的命运。由于这些摄像机往往高高在上，人们经常戏称它们为“天眼”。

这些摄像机就是视频监控系统的前端设备。从外观上看，呈长方体和圆筒形状的，称为枪式摄像机；像马蜂窝一样吊着的，称为球式摄像机；在室内或电梯里用半球形塑料壳固定在天花板的，叫半球摄像机。枪式摄像机和半球摄像机一般不能转动，只能拍摄固定角度的场面（在需要转动的场合，要装在称为“云台”的转动装置上）。球式摄像机内部带有可水平及垂直转动的云台，能根据需要把镜头对准任意方向，球式摄像机内部的镜头一般也具有自动对焦及变焦功能，就是可以把画面拉远拉近。不过我们在街上看到长方形的金属壳可不是摄像机，那只是用来保护摄像机的护罩，摄像机藏在护罩里面呢。

把摄像机输出的视频信号通过视频线接到视频监视器上，就组成了一个最简单的视频监控系统。视频线很像有线电视的信号线，不过它们的传输特性很不一样。视频监控系统的视频线用于传送基带视频信号，有线电视的信号线用于传送射频信号，两种线不能用乱了，不然信号质量会明显下降。

延伸阅读

什么是基带信号及射频信号

基带信号就是信源发出的没经过调制的原始信号，如摄像机输出的视频信号就是一种基带信号。基带信号会包含各种不同的频率，如视频信号就覆盖了几十赫兹到几十兆赫兹的范围。因为传输线路对不同频率信号的衰减是不同的，所以基带传输一般的距离都不能太长。

我们把具有远距离传输能力的高频电磁波称为射频。我们平时接收的收音机信号以及电视信号都是射频信号。通过调制技术把基带视频信号调制成射频信号能更有效地进行远距离传输。

如果是球式摄像机或带云台的摄像机，我们还需要一根控制线用来传输控制云台转动以及镜头变焦等的控制信号。控制线一般是两芯线，连接到 RS-485 接口上。

如果我们要监控多个场景，就需要增加一个叫视频分割器的视频处理设备。先把视频线连接到视频分割器上，分割器能把 4 路、9 路等多路视频合成一路视频送到监视器上显示，这样就可在监视器上同时看到多个场景了，通过控制分割器也可以选择其中一路进行全屏显示。

一座建筑物的监控中心一般要监控几十个甚至几百个场景，显然需要多台监视器协同工作，这时就需要视频矩阵的协助了。视频矩阵能够把输入的视频信号按需要分配到一个或多个输出端口，输入与输出就像一个交叉连接的矩阵。这样我们就可以用一个监视器全屏观察重点关心的视频，其他视频可以分割显示甚至轮流显示。

早期的视频监控系统会采用磁带录像机录像以进行视频记录，如今已基本被硬盘录像机取代了。硬盘录像机把视频信号数字化后进行编码压缩，然后以文件的形式记录在硬盘上，由于硬盘上的视频文件可以快速地跳到任意一个时点播放，查找效率是磁带望尘莫及的。而硬盘的存储量更是同等体积磁带的上百倍，一块硬盘可以轻松记录上千小时的视频，大大降低了录像资料存放和管理的工作量。因此，硬盘录像机出现后，便迅速取代了磁带录像机。

由于硬盘录像机把视频信号变成了数据，视频就可以很方便地通过计算机网络进行传送，使监控中心摆脱了视频线的束缚，系统配置更加灵活，于是网络数字视频监控技术逐步发展起来了。

小知识：

CCD与CMOS图像传感器

CCD是电荷耦合器件图像传感器的简称，早期的CCD都是采用TTL（晶体管—晶体管逻辑电路）工艺制造的。随着CCD像素越来越高，采用TTL工艺制造越来越困难。人们转而使用CMOS（Complementary Metal-Oxide Semiconductor，金属氧化物半导体元件）工艺制造。所以说CMOS图像传感器其实也是CCD，不过大家约定俗成地把TTL工艺制造的图像传感器称为CCD，而把用CMOS

工艺制造的图像传感器称为CMOS，以示区别。

CMOS图像质量具有省电、成品率高、成本低的优点。随着技术的不断成熟，高端CMOS的图像质量已经与CCD不相伯仲了，所以高像素的图像传感器大多采用CMOS技术。

视频监控的高清时代与数字潮流

大家知道为什么夕阳会特别红吗？这是由于夕阳在接近地平线时，阳光到达我们的眼睛要穿过比正午时厚得多的空气。空气中的水气、浮尘等微粒会吸收和散射光线从而阻碍光波的传送，而不同波长的光受到的影响是不同的，波长越短的光最容易被阻挡，波长较长的红光受影响少些，于是我们就看到了红彤彤的夕阳。

普通摄像机输出的是基带视频信号，这些视频信号也包含频率不同的信号，在通过视频线传输时就会受到不同程度的衰减，使得图像信号恶化。从硬盘录像机的成功人们觉察到，视频系统的发展必然走向数字化。于是人们把视频编码压缩处理芯片和网络通信芯片直接做在摄像机内，图像传感器获得的图像数据通过压缩芯片处理后以特定的通信协议发送到网络上。网络上任何经过授权的计算机都可以接收这些图像数据，通过合适的解码程序就可以把图像还原出来，于是我们就能在计算机屏幕上看到摄像机拍摄的图像了。

由于数字信号不易受干扰而且能够再生，无论放大、转发多少次都能保持数据不变，这样图像无论传送多远都不会损耗，只要网络能连通的地方就能看到图像，而且还原后的图像质量不会改变。网纹、雪花、重影等模拟监控系统上常见而又难以克服的问题，在数字系统中不复存在了。通过软件的处理就可以灵活选择查看哪几路图像，图像大小也可随意调节，这就是所谓网络矩阵，密密麻麻接满视频线，曾经是监控系统核心设备的视频矩阵，在数字监控系统中只能甘当配角了。网络硬盘录像机也摆脱了视频线的束缚，只要一

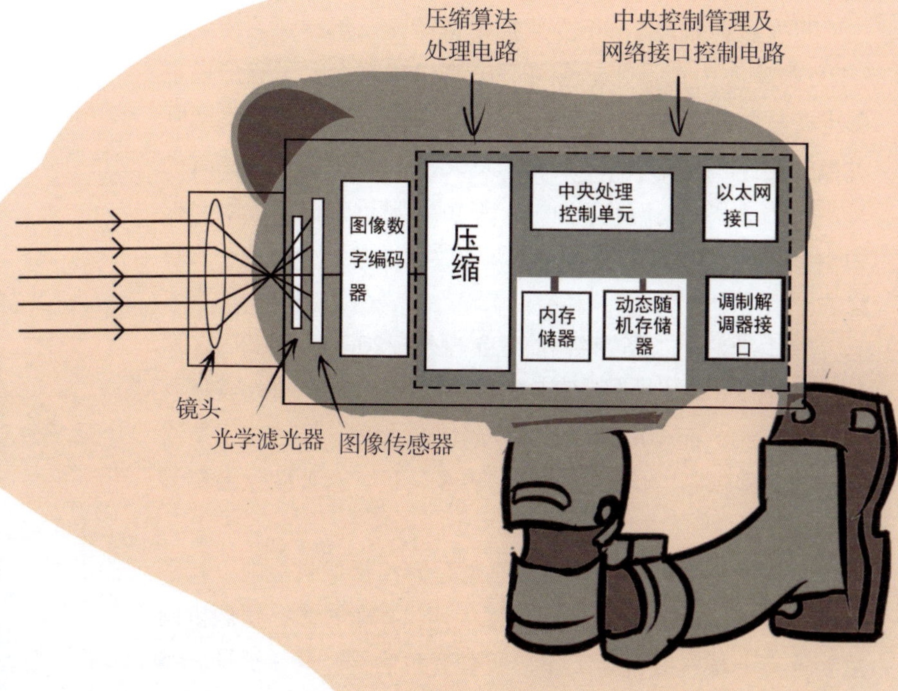

根网线就可以随意录像。可见，数字监控系统结构更加灵活，质量更有保障。

下面说说图像的分辨率。VHS（Video Home System，家用录像系统）是伴随电视系统发展出来的视频录制和播放标准，它每个画面具有 352×288 个像素，也就是我们经常听说的标准化图像格式（Common Intermediate Format，CIF），这也是传统电视图像的分辨率。20 世纪末，开始大量出现了 D1 格式的视频记录和播放设备。D1 的分辨率是 720×576，大约是 CIF 的 4 倍，因此经常也与 4CIF 的分辨率混在一起。

如今 D1 是模拟视频监控系统最广泛采用的分辨率。然而，伴随着高清电视的迅速普及，视频监控也开启了高清时代。这里有必要澄清一下高清的概念。当监控系统的分辨率由 CIF 发展到 D1 时，不少监控设备厂家及承建商习惯地把 D1 分辨率称为高清，这种称呼一直沿用至今。国家广播电影电视总局颁布的 GY/T155—2000 标准中规定，中国高清晰度电视制作和播出采用隔行扫描 1080/50i 格式，这种格式的分辨率为 1 920×1 080，每秒 50 帧，隔行扫描，一般简称为 1080i 或 D3。我们实际使用时，需要留意区分两种不同意义的“高清”。

除 1080i 外，我们经常还会碰到 720P 与 1080P 这两种高清格式，它们都是逐行扫描的标准，720P 的分辨率为 1 280×720，而 1080P 分辨率与 1080i 相同，不过由于是逐行扫描，同帧频的信息量要比后者高 1 倍，因此图像会更清晰和稳定。

现在的高清监控摄像机几乎都是网络摄像机，由于有了 POE（Power Over Ethernet，以太网供电）技术，摄像机只需要连接一根网线就能工作，所有音频信号、视频信号、控

制信号以及供电全部通过以太网线完成，大大简化了施工，减少了线材的使用，支持了节能环保。

高清数字监控的技术发展很快，现在已经出现了千万像素的摄像机，分辨率是 1080P 的 5 倍。我们在选择时需要根据实际需要量力而行，还有注意系统中各种设备的合理搭配，例如千万像素的摄像机拍摄的图像在普通的高清屏幕上就体现不出优势。像素越高，数据量就越大，我们还要考虑网络的承载能力、录像硬盘的容量等。另外，要避免唯像素论，不要以为像素高的就一定好，像素只是数字视频的一个指标，图像传感器的质量、压缩算法的好坏、选用什么样的镜头对图像质量都会产生重大的影响，我们选择时最好能够进行实际测试，不要单纯看指标。

蓬勃发展的图像智能分析技术

我们生活在大数据时代，数据泛滥是这个时代的一大特征，如何从浩如烟海的数据中提取自己有用的信息是摆在这个时代面前的挑战。

小故事　消失的飞机

2014 年 3 月 8 日凌晨 2 时 40 分，一架载着 239 人的波音 777 客机在由吉隆坡飞往北京的途中突然与地面失去联系，全球二十多个国家合作寻找了几个星期都没发现任何踪迹。大家不禁要问，我们头顶上不是有几百颗卫星吗?据说卫星照片连人的胡子都看得见，难道这么大的飞机都拍不出来?我们放下事件的具体细节来看看用卫星照片找飞机的难度。飞机失去联系时燃油还能飞行 7 小时，以时速 1 000 千米的巡航时速计算，飞机能到达范围的圆面积约 1.5×10^8 千米 ^{2}。如果用 0.5 米分辨率拍摄 1 000 万像素的照片就需要拍 60 亿张照片！一个人在这种照片上大约只占一个像素，飞机的碎片在照片上估计也只有芝麻般大小。如果要达到看得见胡子的那种清晰度，照片的数量至少还要增加 100 倍。显然要在这么多照片中找到飞机或飞机碎片犹如大海捞针，非人力可为。

不能用电脑进行分析吗?电脑的运算速度的确无人能敌，可是它对图像的分析能力还是个“婴儿”。这是因为电脑能处理的全部是数据，文字与数据是一一对应的。例如：“婴儿”这两个字按照 GB2312 国家标准就是以 D3A4B6F9

这组十六进制数字来表示，所以电脑能很迅速、准确地在网页、文章等文字资料中找到“婴儿”这两个字。对于图片，电脑上存储的是每一个像素的颜色亮度等数值。同一个人如果拍摄的光线、角度稍有不同，照片数据就会产生很大的差异，可以说同一个人不可能有两张数据完全相同的照片。要使电脑能在不同的照片中“认”出要找的人，这就是人脸识别技术。

显然，要进行人脸识别，直接用照片数据比较是不可能的。目前的做法首先是要把人脸从图像中分离出来，然后根据脸型轮廓、纹理以及五官位置等用几何学、图像分析和人工智能等各种算法提取出人脸的特征数据，这种特征数据在光线、表情、发型、姿态发生变化时能够保持稳定，而且对于不同的人有足够大的分离度，这样通过比较人脸图像的特征数据电脑就能把人认出来。

目前，人脸识别系统在识别对象配合并且满足特定的采集条件情况下，能有比较高的识别率，但在开放环境中，识

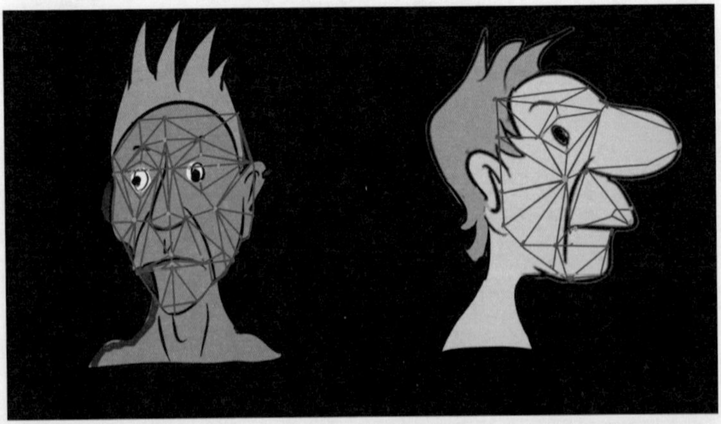

别率及误判率还不是太理想，只能作为一种辅助手段。尽管如此，通过人脸识别系统先提取出有疑点的图片然后再进行人工识别，也大大减轻了工作量，提高了效率。从图像中人脸分离技术还用于特定通道的人流统计和特定区域人数自动测算，可以自动为智慧城市管理系统提供关键或敏感场所的人流及人数的实时数据。

现在已经有些照片管理软件能够自动识别照片中的人物并把它们自动归类建立图片索引，方便了我们的生活。有些出入口也采用了人脸识别技术，这样就永远不会忘了带钥匙了，因为要出入的人必然是配合识别拍摄的，所以能达到比较理想的效果。

监控视频可以看作一幅幅连续的图像，在视频中提取有用的信息比图像更复杂一些。在一座智能建筑中可能会有几十支甚至几百支摄像头日夜不停地工作。假设有一天晚上发生了盗窃事件，那么在这些摄像头的录像中很可能留下疑犯的图像。但一个晚上十多个小时，再加上涉及的监控点可能有多个，这样就可能要翻查上百小时的录像，工作量相当大。

与照片类似，我们也抓取满足某种特征的视频帧存储成图片并分门别类地进行显示，人们通过浏览图片就能快速地找到感兴趣的视频片段。这些特征可以是图像发生了场景变化，监控区域出现人、车等特定的物体等。

视频摘要是一种视频索引的应用，它利用图像处理算法分析连续的视频，提取运动目标，然后对各个目标的运动轨迹进行分析，将不同的目标拼接到一个共同的背景场景中，从而实现对原始视频的高度浓缩以实现快速浏览。如果硬盘录像机配备了视频摘要功能，保安人员就可以大大提高翻查录像的效率。

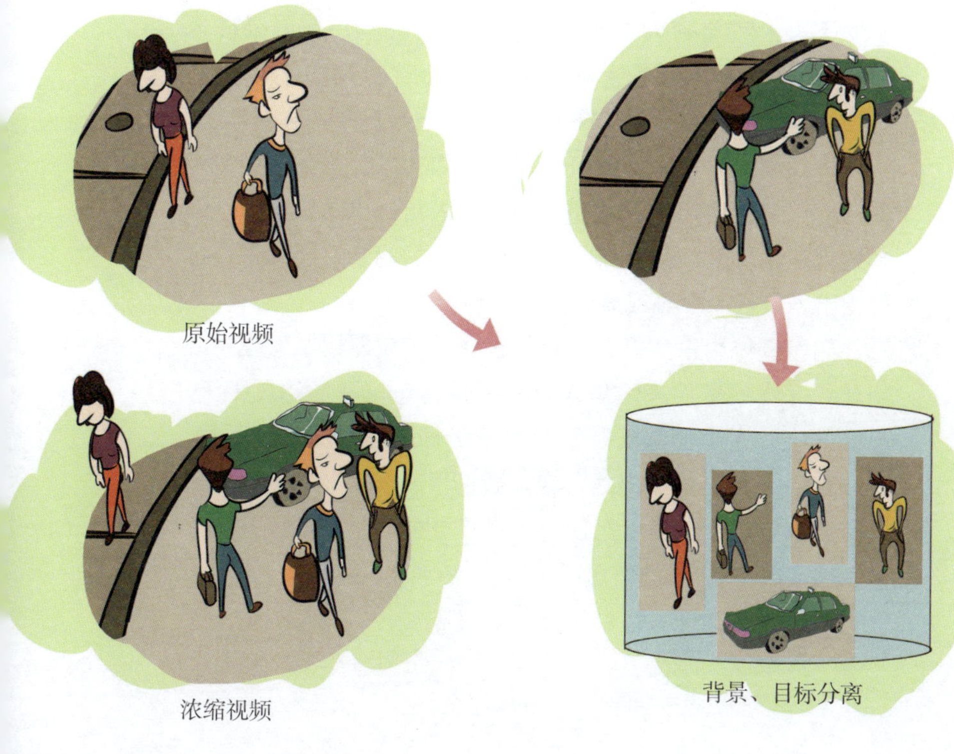

图像智能分析在安防监控领域还有很多的应用，如滞留检测、轨迹跟踪、入侵检测、徘徊检测、尾随检测、遗弃/移动物品检测等，在车辆及交通管理方面有车牌识别、速度检测、压线检测以及违章停车等等，估计不少朋友对此印象极深。

2 闲人免进——门禁为我们把关

门禁是怎样实现的

不少上班族每天上班都会有这样的体验：在办公楼大堂“滴”员工卡通过闸道机进入大楼，到了公司门口再“滴”开公司的大门。如果忘了带员工卡就只好按门铃叫人开门了。一些公司里的会议室、财务室以及老板的办公室都需要凭卡开门。以上这些用来管理和控制授权人员进出的软件、硬件装置都可以称作门禁系统。在一些特定的场合，门禁系统也称为出入口控制系统或通道控制系统。

门禁系统由采集设备、执行设备、控制器以及管理中心组成。采集设备用来采集人员的身份信息，我们的员工卡、小区的出入卡里面都安装了存有身份标志信息的电子芯片，所以也称为 IC（集成电路）卡。我们用来“滴”卡的地方安装有读卡器，读卡器就是使用得最广泛的一种采集设备，它能读出 IC 卡上记录的信息。

小知识：

为什么不用接触就能读出 IC 卡里的信息

非接触 IC 卡与读卡器之间通过无线电波来完成数据读写操作，它的工作电能也是通过感应读卡器的电磁波获得。当读写器对卡进行读写操作时，读写器发出的信号由两部分叠加组成：一部分是电源信号，该信号与卡上的电路产生谐振并转换成电能供给芯片工作；另一部分则是指令和数据信号，指挥芯片完成数据的读取、修改、储存等，并返回信号给读写器。

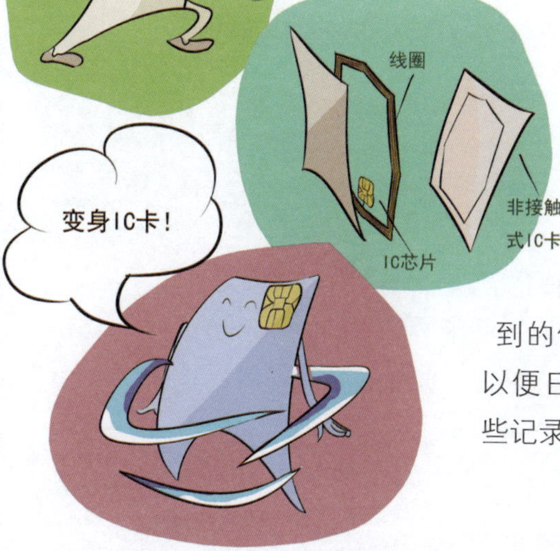

采集设备获取身份信息后通过通信线路传递给控制器，控制器里存有允许通过的身份信息列表，如果采集到的信息在列表里面，控制器就会发出指令让执行设备进行开门等相关的动作；如果没有匹配的记录，一般会进行错误提示，对于敏感的控制点也可以发出报警。大多数的控制器也会把所有采集到的信息以及采集时间记录下来，以便日后翻查。也有些软件利用这些记录作为考勤用途。

管理中心主要就是运行在电脑上的管理软件，通过管理软件人们可以方便地控制谁能够通过某个门禁点，也能清楚地了解谁在什么时候出现在那个门禁点。管理中心也能临时设定门禁点常开或紧急关闭，如发生火灾等紧急事件需要快速疏散人群时，可以把疏散通道的所有门禁点设为常开，使人员可以快速通过。

传统上，管理中心与控制器一般采用 RS485 等标准进行通信。正如前面所述，在新型的系统中越来越多地采用了以太网进行通信，这样可以简化智能建筑里的通信线路设计，而且更方便与智能化集成系统融合。通过通信线路，管理中心可向各个控制器发出实时控制指令、下传新的授权列表以及收集读卡信息。

长在身上的钥匙——生物特征识别

采用 IC 卡作为身份标识携带方便、成本低，因此得到了广泛的应用。IC 卡门禁系统有只认卡不认人的特点，这在安全性要求不是十分高或是大人群使用的场合确实能简化管理，但是在一些安全性要求高的场合就不一定合适了。因为只要盗取了 IC 卡，就能冒充 IC 卡的主人。

于是人们就想到了利用自己的生物特征作为身份识别。作为身份识别的特征需要具备独特性和稳定性，上一节提到的人脸识别其实就是一种生物特征识别，但存在相貌相似的人太多了，有时人都无法区分，独特性不够强；此外，人的相貌会随时间而变化，稳定性不佳，所以人脸还不能作为主要的身份识别信息。

在生物特征识别技术中，指纹识别是最成熟的一种。研究表明每个人的指纹都是不一样的，同卵双胞胎就算有着无分彼此的相貌和身材，指纹也不会相同，有着很好的独特性。另外，在人的一生中指纹是不会改变的，有着很好的稳定性。

在指纹门禁系统中，采用了指纹阅读器代替 IC 卡阅读器作为数据采集设备。在使用前先需要采集各人的指纹信息，在出入门禁点时，需要把手指按在指纹阅读器上，如果读到的指纹数据与预留的数据一致，就可以进入了。

门禁系统中一般不会保存整个指纹的图像，而只是保存一些根据指纹图像通过特别的算法计算出来的特征数据，用

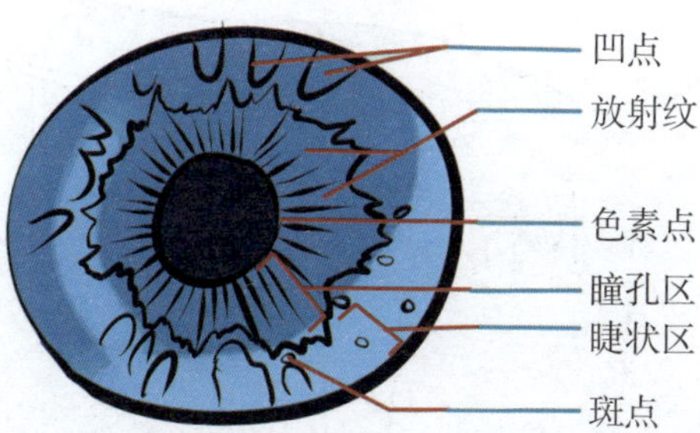

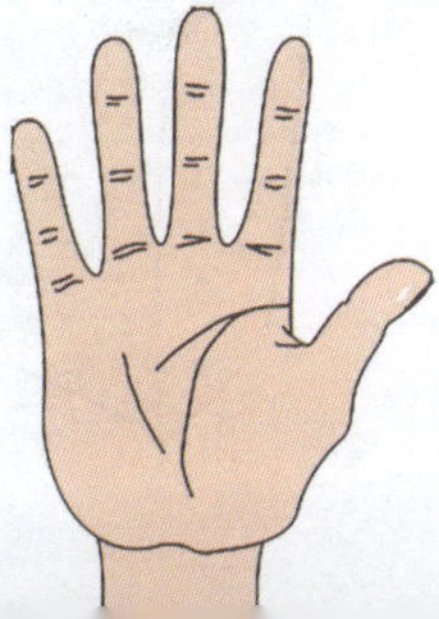

这些特征数据无法还原出指纹图像，因此不涉及个人隐私。

除了指纹外，手掌静脉以及眼睛里的虹膜都具有很高的独特性和稳定性，也被用作身份识别，并且它们在身体内部，更难被仿冒复制，但这些特征的阅读设备相对复杂、造价高昂，一般只用于安全性要求特别高的场合。

生物特征识别具有可靠性高、安全性强的特点，并且无须携带额外的标识物，完全没有忘记带卡或者丢失钥匙之类的烦恼，因此不少公司、家庭都开始采用指纹锁。然而生物特征需要事先采集，因此只适合于特定有限人群的应用场合，可见 IC 卡门禁与生物特征门禁将会长期共存。

不能从字面理解的电子巡更

现在的智能建筑基本都采用电子巡更系统（也叫电子巡查系统）去代替落后的签到表了。这里的电子巡更系统不能理解成用电子方式代替人的巡更，而是用电子方式管理巡更的管理信息系统。电子巡更系统中，在保安需要巡更经过的关键地点安装巡更按钮，保安巡更时手持电子巡更棒碰一下巡更按钮就可以把信息记录到巡更棒中，巡更完成回到保安中心，把巡更棒放置在插座上，就可以把巡更经过的地点、时间等信息传输到电脑。管理人员就可以通过电脑获知巡更工作的完成情况。

3 看不见的战线——入侵检测

主动出击的红外对射

广州在 2010 年建成了第一条 BRT（快速公交系统），现在每天都有几十万甚至上百万人进出 BRT 站台，不知道有多少人会放慢匆匆的脚步留意一下站台出入口那几个黑色的半圆柱形物体，又有多少人想知道它们有什么用途？下面，为大家揭开这个秘密吧。

这些黑色的东西里面隐藏着红外线的发射和接收器件，发射器不断地发出红外线脉冲，接收器如果在一段时间内无

法接收到这些脉冲，就说明发射与接收之间有物体遮挡了红外线，系统就会发出报警。由于发射与接收都是一对一对存在的，所以就叫作红外对射系统。红外对射系统也可以理解成用红外线组成一个看不见的围栏，因此也被叫作红外围栏或红外栅栏。当有人异常地闯入或踏出 BRT 站台时，就会被红外对射系统发现，工作人员就能及时处理。

看到这里，大家是否会联想到一些电影中，主角要潜入银行金库或电脑主机房等重要设施前，向空荡荡的通道喷一口烟，于是就看到了一束束的红光。应该说这样的场景是经过了艺术加工，既然人的眼睛是看不到红外线的，大家就不必到 BRT 车站去喷烟了。

红外对射大量用于边界的防范，比如说装在围墙的顶部，当有人翻墙时就会触发报警。为避免猫、鸟等小动物越过围墙造成误报，一般会以一定的间隔设置多束光，只有两束甚至三束光被遮挡时才进行报警。

善于埋伏的红外移动报警

如果说红外对射善于线上作战，红外移动报警则善于应付面上的工作。人是恒温动物，不同温度的物体会发射出不同强度的红外线。红外移动报警一般安装在墙角或天花板上，它可以探测一定范围的红外线变化，当人走进设防区域时，该区域的红外线就会发生变化从而触发报警。因此，在电影里的那种情形，没必要用乱麻般的红外线进行保护，装上个红外移动报警探头就能起到相同的作用，并且可以让主角避无可避。

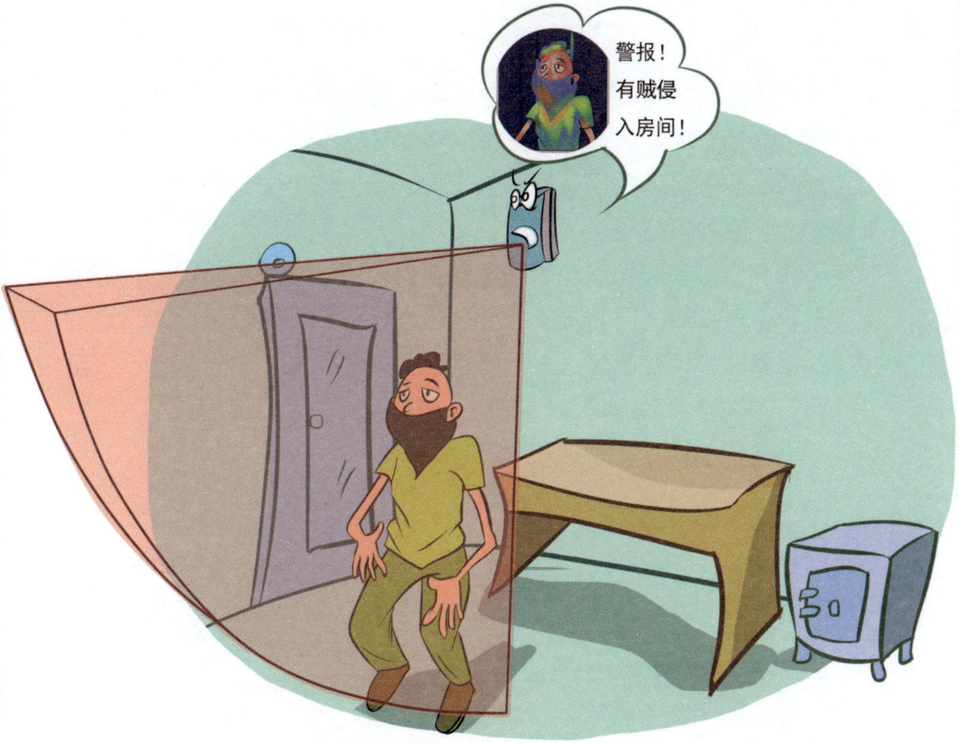

然而红外移动报警也有其致命的弱点：当气温接近人体温度或者人穿上绝热衣服时，人的走动就不会引起红外线的任何变化，当然也就无法报警了。为此，人们在探测器上加装了微波发射及回波分析装置，利用雷达原理弥补了单纯红外感应的弱点。这些通过多种物理量进行探测的装置，叫双鉴探测器或三鉴探测器等。

身怀绝技的各种入侵探测器

入侵检测是发展得最早的安防技术之一。专家们利用声、光、电等各种物理的、化学的，甚至生物的特性设计出适合不同使用场合的报警探测器。例如，在消防楼梯，就会安装有声控的电灯开关，人的走路声能触发声控开关点亮电灯，没人走动时开关自动关闭从而节省电能。在门顶上安装一个干簧管（为有外部磁场时导通、没磁场就断开的器件）加上一块小小的门磁就能组成一个磁感报警器，门关闭时门磁紧靠干簧管，电路联通，情况正常；门被推开时，干簧管失去磁场，电路断开，这时主人必须在规定的延迟时间里关掉报警开关，否则就会发出警报。砖墙的玻璃窗往往是建筑的薄弱环节，人们因此设计了玻璃破碎探测器，专门感应玻璃破

碎时发出的特别频率的声音。

以上这些都是经常使用的一些探测器。在智能建筑的安防系统中，这些探测器一般以开关量的形式连接到报警主机中，报警主机一般只是以开关量的通或者断作为报警的依据。所以，同一报警主机可以连接不同类型的探测器。报警主机通过 RS485 或以太网与管理中心的报警管理电脑连接，也可以直接集成到智能化集成系统中。在发生报警时，管理电脑会列出报警点，并在电子地图上进行标注，同时触发保安中心的声光报警装置。报警主机能记录各个报警点发生报警的时间，上层管理信息系统能通过通信线路提取这些信息作为证据或分析之用。

在入侵检测系统中，让系统开始工作叫布防。一般布防开始后都有一定的缓冲时间，以便布防人员离开，也可以通过系统设定定时布防。让系统取消报警，称为撤防，撤防可通过隐蔽的开关或者通过控制键盘输入撤防密码完成。撤防后报警主机对探测器的任何状态都不做出响应。在大型系统中能够通过管理电脑或者控制键盘进行区域性的布防和撤防，使应用更灵活。

4 火灾报警和应急响应

发现火情的“金睛火眼”

在办公室的天花板上，每隔一定的距离都会安装有烟雾探测器，这是办公楼里最常用的一种火灾探测器。利用各种探测器，火灾自动报警系统就像长了金睛火眼，能够及时发现起火迹象及时报警，使人们能及时处理，避免大型灾害的发生。

怎么能让系统及时发现火情呢？大家可能说在各个房间都装上摄像头，通过监控室观察或图像自动识别有没有火不就行了吗！这确实是一种很直接的方法，技术上也可行，在一些重要的防范区域也有这种做法，不过在整个建筑物里布满摄像头，不仅投资巨大，而且老是被天眼盯着的感觉也不会太好吧。

其实要探测火情，不一定要看到火。生活常识告诉我们，火会伴随着烟、热和光，甚至还没形成明火，火苗还在暗燃状态时就会产生大量的浓烟，因此用烟来发现火情是一个简

单有效的方法。烟雾探测器是怎样探测有没有烟雾的呢？一般有两种方法：离子式和光电式。离子式探测器利用微量的放射性物质使局部空气产生电离，电离后的空气离子在电场作用下能产生电流。当空气中有烟雾时，烟雾微粒能吸附空气离子，使导电离子减少而使电流减弱，探测器通过检测电流的变化就能知道烟雾的浓度。光电式探测器则是利用烟雾能阻挡和散射光线的原理进行探测，在探测器的一侧有发光元件发出固定的光，在另一侧安装光敏元件，当空气中有烟雾时，直射光减弱，散射光增强，光敏元件的电流就产生变化从而感知烟雾浓度。

火除了有烟外，还有光和热，通过探测火发出的红外线，或者环境温度过高或异常地快速升高也能发现火灾。在一些如化工品仓库等特殊的场合，也会采用气体探测器监测空气中可燃气体或粉尘的浓度，及时报警，避免重大事故的发生。在实际应用中可以将两种或两种以上的探测功能集成在同一个探测器内，使探测器具备多种火灾参数的探测能力，保证报警的灵敏、可靠。

消防控制及灭火

2010 年 11 月 15 日，上海市一座 28 层高的教师公寓发生大火，导致 58 人遇难，71 人受伤，房产损失接近 5 亿元。事后的调查表明，事故发生时大厦正在进行外立面施工，4 名电焊工违规操作引燃了易燃的保温材料。由于现场没有消防设施，4 人无法将火扑灭，乃至消防员赶到时大火已经把整栋楼包围。消防云梯加上高压水枪只能到达大楼 2/3 的高度，火势太大直升机也不能靠近，无法进行有效的施救，最终酿成了震惊全国的上海 11・15 特大火灾。

由于消防云梯、高压水枪的高程限制，高层楼宇的火灾很难从外部组织有效的扑救，需要更多地依靠自身消防设施进行灭火。自动喷水灭火系统是最常见的灭火设施。当消防控制系统收到探测器发送的报警信息后，根据报警的区域启动对应的喷淋泵使消防水管加压，水流通过预先设置的固定喷水口喷出达到灭火的目的。水在灭火的同时也会损坏电器设备，所以在电脑机房等安装贵重电子设备的区域，一般采用气体灭火系统，这种系统通过喷射窒息性气体阻断氧气从而使火熄灭。但这些窒息性气体同样会使人窒息，所以在启动前需要确认该区域的人已经全部撤离。

应急联动系统

当出现灾难性事件时，建筑物设施可能遭受严重破坏，人们的生命财产也会受到严重的威胁，通过应急联动机制能快速调配各方面的资源应对灾害，减少灾害带来的损失。智能建筑中的应急联动系统以火灾自动报警系统以及安防系统为基础构建，通过智能化集成系统接口，应急联动系统能获取各智能化子系统的信息进行综合处理，并根据需要进行应急控制。

例如：发生火灾报警时，可通过公共广播系统发出疏散通知，通过信息引导系统指导疏散；通过建筑物设备管理系统切断非消防电源，避免漏电、电器电线短路等次生灾害，关闭空调风机及防火阀，避免有毒浓烟通过空调管道扩散，启动正压送风系统，保证消防通道及逃生层有新鲜空气，阻止烟雾进入；通过安防系统打开所有电控门方便疏散，等等。

智能建筑在自身采取应急措施的同时，也会根据灾害类型和级别利用应急联动系统的外部通信功能及时向城市相关部门报警，综合各种城市应急服务资源，为大楼用户提供有力的安全保障。

应急联动系统还具备应急指挥调度功能，它利用计算机网络系统及通信系统以及智能化集成系统为支撑平台，实现紧急状态下的信息组织与整合，通过紧急预案功能为处置工作提供程序化的指引，提高紧急事件处理的有效性及效率。

五　智能建筑的绿色梦想

小故事 乌洛波洛斯神话

乌洛波洛斯是西方神话中的一种怪兽，它可以吞食自己不断生长的尾巴而长生不死。在远古的文明中经常会看到组成圆环或“8”字形的乌洛波洛斯图腾，象征着生与死、毁灭与创造永恒的轮回，也预示宇宙万物永恒不息的循环无始无终。

随着环境污染的恶化，自然资源的日益枯竭，人们开始重视降低能耗以及资源的再生，希望像乌洛波洛斯那样，把自己融入一个自然的循环系统中而不是单方向地向自然索取。向绿色迈进，已经是智能建筑发展的必然趋势。

1 智能建筑的家族

人丁兴旺的智能办公建筑

自从第一座智能大厦在美国的哈特福特市诞生后，智能建筑作为高增值、高回报物业成为房地产投资开发的新方向，也是建筑业新的经济增长点，进入 21 世纪后设计建造的大型及超高层建筑大多数都进行了智能化建设，一座座智能大厦如雨后春笋般拔地而起。

办公建筑有人员密集、通信密集、设备密集、能耗密集以及数据密集的特点，通过智能化建设对于提高环境的舒适性、提高工作效率、提高物业管理水平以及节能环保有比较显著的效果，因此得到了比较快的发展。早期的智能建筑大多是办公建筑，直到今天智能建筑中办公建筑的比例也是遥遥领先的。

1986 年智能建筑被列为国家“七五”重点科技攻关项目，1989 中国内地第一座智能大厦落成，它就是北京发展大厦。该工程位于北京东三环北路西侧，高 20 层，总建筑面积 5.2 万米^2，除餐厅、商店、地下车库外大部分为对外出租的办公室。在建筑结构设计时，北京发展大厦就注意建筑环境有较强的宜人性，使人能处于最佳的工作状态，以及空间的灵活性，使之能适应智能化发展的需要。

智能化的出租写字楼要求办公室空间具有尽可能大的灵活性，以适应不同时期、不同用户的不同要求。北京发展大厦办公层的办公单元可以自由分隔，智能系统的输出口巧妙地布置在办公空间的合适部位；灵活空间吊顶的设计，不仅满足照明、空调、消防以及紧急广播等系统线路及设备的安装，还具有合理美观的布局，使吊顶能够适应多种不同的分隔方式而不需要拆改。

20 世纪末到 21 世纪初，我国进入了智能建筑的高速发展阶段，无论是发展速度还是规模都稳居世界前列。这期间广州也出现了第一批智能建筑，如广州电信大厦、好世界广场、中信广场等。随着智慧城市建设的升温，作为智慧城市基本单元的智能建筑也将迎来一个全新的发展阶段。

韬光养晦的智能社区

唐果搬新居了，这天约了几个同学到家里玩，大家一早就来到了唐果的“高科技豪宅”七嘴八舌地议论了起来。“嘿，我在楼下按了门铃还没说话，你怎么就知道是我呢？”马毅问道。

“噢，看到门边那个屏幕吗？”唐果回答说：“这是可视对讲系统，不仅能像以前的防盗门那样能够语音通话，楼下的呼叫按键上装有摄像机，门铃一响这个屏幕上就有你的光辉形象了。”

唐果家里的可视对讲系统就是一种综合性的安全设施，除了前面提到的功能外，还能进行访客留影、留言，访客记录，还能连接住户室内的煤气泄漏报警、入侵报警以及紧急呼救按钮，当发生相应的紧急事件时，小区保安中心能及时

收到报警，及时进行处置。此外，电子围栏、公共区域的视频监控，这些安全防范系统在智能小区都会配备。

20 世纪末，发源于办公建筑的智能化热潮迅速蔓延到了住宅建筑，“智能小区”成了发展商的口头禅。相对于办公建筑，智能住宅建筑更强调居住环境的安全、节能、舒适和便利。

不少朋友都有过这样的经历，一早被煤气公司的抄表员吵醒要进屋抄表。虽然大家都理解并配合抄表员的工作，但私人的时间和空间被干扰了多少会有些不爽的感觉。智能小区的自动抄表系统实现了全自动的远程抄表，最大限度地保护了住户的私密需求。远程抄表系统使用数字化的水表、电表与煤气表，定时把读数通过有线或无线网络汇总到数据服务器中，这样相关机构足不出户就能随时掌握住户的用电、用水及用气情况，大大提高了工作效率。

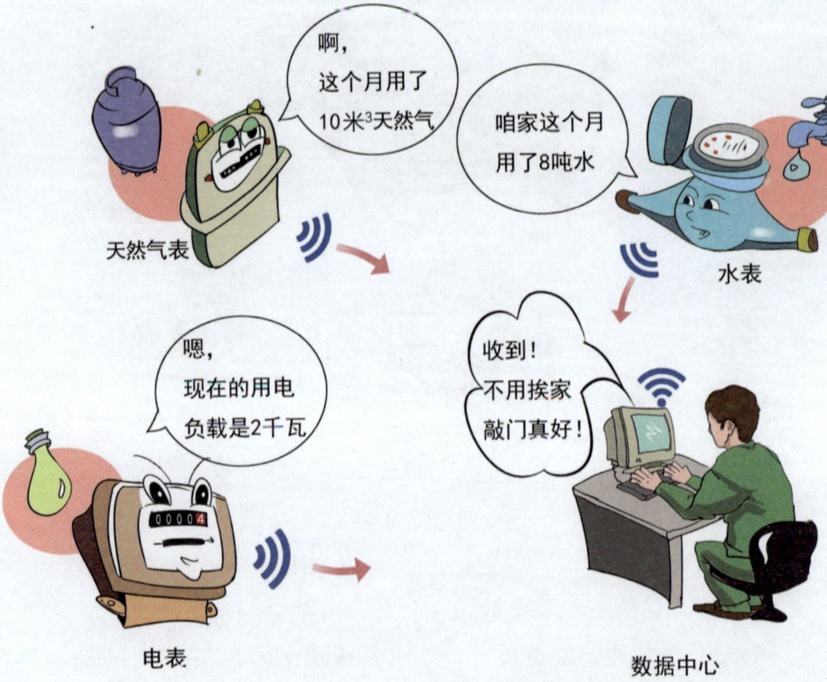

视频网、语音网以及数据网的完善覆盖是智能住宅小区的显著特点。而真正体现智能小区智能化程度的是为物业管理及小区住户服务的各种智能化应用，如智能化物业管理平台、小区数字娱乐系统、行政事务办事平台等。

随着智慧城市计划的实施，各种政策将会不断完善，作为智慧城市基本组成单元的智能小区将迎来高速发展的阶段。

奥运村里的智能建筑

伴随一曲童声《歌唱祖国》，奥运历史写下了唯美的一页，气势恢宏的“鸟巢”、流光溢彩的“水立方”也被世人所熟知。不过大家是否知道，鸟巢和水立方还是智能建筑家族的成员呢！

随着技术和经济的发展，人们的工作及生活方式也在发生着深刻的变化，因应人们对安全、舒适、便捷以及绿色环保越来越广泛的要求，各种公共建筑也加入了智能建筑的大家庭，这包括：以商场、宾馆为代表的商业建筑，以图书馆、博物馆、会展中心、档案馆等为代表的文化建筑，以体育场、体育馆、游泳馆为代表的体育建筑，以大型空港航站楼、铁路客运站、城市公共轨道交通站、社会停车场等为代表的交通建筑，以及各类媒体、医院、学习以及工业建筑等。

“鸟巢”的正式名称是国家体育场。“鸟巢”中为设备监控系统设置了 3 113 个监控点，对空调、给排水、电梯、供配电以及环境监测等设备进行了全面的监控，保证了设备的良好工作状态同时对各种能耗实施控制。火灾报警及消防联动系统由 13 个报警控制盘和 24 套楼层重复显示器组成，设置了烟感、温感以及可燃气体探测器五千多个，还有 1.2 万米缆式感温探测器，这些探测器能快速发现火灾并报警，发生火灾报警时能快速启动各种自动灭火系统，同时切除非消防电源、停空调、电梯迫降启动、消防紧急广播。场馆内 13 套多媒体查询终端以及数十块 LED 及 LCD 屏幕随时为观众

广州白云国际会议中心

计分显示屏

鸟巢

提供需要的信息，几十个自动通过卫星授时信号自动校准的字母钟为各种比赛提供精确的计时。鸟巢还建设了智能照明系统，对体育场场地照明、室内照明、景观照明以及立面照明进行智能控制，既节省人手，又能降低能耗。

不同类型的智能建筑往往会根据建筑物的功能，优化其智能化系统的设计并建设具有鲜明特点的信息化应用系统。例如：广州白云国际会议中心是由五栋建筑组成的智能建筑群，总建筑面积31.6万米^2，设有各类会议厅六十多个，广东、广州的“两会”以及各种大型国际会议都在这里举行。会议中心的智能化系统除了具备完善的设备管理系统、公共安全系统、信息设施系统以及智能化集成系统外，还根据会议中心的特点建设了智能化电子会议系统。

智能化电子会议系统实现了会务管理中心、数据中心、新闻发布中心以及视频转播中心的有机结合。通过会务管理中心可以预订会场、会议报到管理、会场座位安排等；在数据中心能录制、编辑、检索及回放各会场的图像和声音；在新闻发布中心和电视直播中心也能随时调用各会场的音视频信号。会议系统中还配备了电子表决系统、电子选举系统、电子报到系统、数字发言、发言提示系统以及同声传译系统。通过这些系统保证了大型会议管理的有序和效率，保障了各种会议的顺利进行。

2 智能建筑的未来之路

智能建筑的智商

当手碰到开水时，会闪电般缩回来；感觉到寒冷时，我们会在衣柜里找衣服穿；当东方出现绚丽的朝霞时，有经验的人出门时会带上雨具。

上面这3个场景体现了3个不同层次的智能行为。第一种是生物与生俱来、不需要学习便具备的本能反应，是最基本的行为；第二种是在学习和记忆基础上形成的复杂智能行为；第三种行为需要进行知识的归纳和推理，生物界中只有我们人类具有这种高等智能行为。

在智能建筑家族中，由于智能化系统的设计与管理水平的差异也会表现出不同的“智商”。例如：有些智能大厦在更换租户时往往要重新进行综合布线，空调风管、消防烟感器、喷淋头都要进行大挪移，这就是对用户需求变化的适应能力不足的表现；又如一些声称建设了一卡通系统的小区，虽然人员出入、车辆出入都可以用一张 IC 卡，可是人员出入要到保安部的终端上授权，而车辆出入又要拿着 IC 卡去车管的终端上授一次权；有些大楼空调忽冷忽热，要用户不断地打电话到机房要求调整，这些现象都可以说是“智商”不高的表现。套用前面我们对智能行为的描述，这只完成了第一层次的智能，人员与车辆出入控制都各自为政，并未实现联动，只不过利用了

相同的IC卡作为信息载体。更有甚者，一些办公楼简单地搞个综合布线系统就声称是智能大厦，企图混入智能建筑家族中，我们可不要轻易上当。

在我国的智能建筑设计标准（GB50314—2006）中，定义了各种不同类型建筑的智能化系统配置框架，为智能化系统的设计提供了权威的依据。需要指出的是，国标提出的是对智能建筑的基本要求框架，具体到各个子系统应该如何实现、实现到什么程度，留下了很大的选择空间，这也是建筑物智能化水平参差不齐的一个原因。

一些商业建筑的发展商为了降低建设投入，会把部分系统交给运营公司去做，这有时候也会造成智能化功能设计缺陷。例如：手机室内覆盖，本来一套系统就可以完成，既可以减少基础建设资源浪费，又能更好控制室内电磁污染，如果由运营商各自建设就会出现多套系统，不仅浪费资源更增加了后期管理工作的难度。大楼里的综合布线及网络系统也有类似的情形。

在进行智能化系统建设时，还要避免重硬件轻软件、重建设轻管理的心态。现在大型空调、供配电系统等建筑设备都会配备各自的监控系统，这相当于实现了第一层次的智能。最能体现智能建筑不同智商的是不同智能子系统之间的信息共享能力和联动能力，这种信息共享和联动我们可以看作是第二层次的智能，这些工作大部分都是通过软件完成的。

未来的智能建筑将着重发展推理、判断和决策这些第三层次的智能。当然这并不是说未来的智能建筑会具有人的智慧，智能建筑的推理和判断一般建立在自身的知识库或者智慧城市的大数据系统之上，只能在特定的条件和范围内进行。

也许在不久的将来，我们上班将不需要带出入卡了，大厦能直接“认识”我们，大厦的智能系统会知道各自的活动规律，预先设置好活动范围的温度、灯光。在我们不经意之处，智能系统也在默默工作，向管理人员准确发出各种设备的维修保养通知，及时更换即将失效的关键设备而不是坏了才紧急抢修。通过城市网络，大厦能够相互学习突发事件的处理经验，不断完善应急处理预案，甚至能对可能发生的犯罪或群体事件进行预测。可以预期，未来的建筑将会越来越“聪明”，人们不再觉得建筑只是冰冷的钢筋水泥，而是能够感知、决策和有感情的存在，我们工作与生活在其中能更高效、更安全、更健康，还能感受到无处不在的细致关怀。

与低碳结盟，携绿色同行

向租户提供传真、邮件、视频会议等数据及通信服务曾经是智能建筑重要的功能。随着互联网的普及和发展，这些服务已经全部交由互联网完成了，大厦只需要提供一根连接互联网的线路。

在全球能源紧缺、环境污染日益严重的今天，智能建筑担负起环保节能的新使命。我国2000年颁布的《智能建筑设计标准》中要求智能建筑“向人们提供一个安全、高效、舒适、便利的建筑环境”，并没有环保节能的要求，2006年的修订标准就已经明确提出“向人们提供安全、高效、便捷、节能、环保、健康的建筑环境”，在讨论中的新标准更要求智能建筑与环境互为协调，“符合人类社会可持续发展的良好生态及节约资源”。可见，环保节能在智能建筑的地位越来越重要了。

现代的大型建筑特别是超高层建筑都是耗能怪兽，例如广州国际金融中心（俗称西塔），设计每小时最大耗电量为3.1万度，一天就可以“吃”掉240户人家一年的电量！和西塔一样，多数超高层建筑会采用玻璃幕墙形式，但玻璃的保温效果很差，会大大增加空调系统的负荷，所以从节能的角度来说是不及格的，但人类不可能为了节能而重新住进土窑洞里，这就是社会进步、生活质量提高而要付出的代价。如何降低这种代价，设计节能、与环境协调又符合现代生活与审美需要的建筑，需要建筑设计师去努力，从智能化的角度，我们需要考虑怎样通过新技术以及加强管理实现节能。

据统计，在一座现代化大厦中，由于管理不完善有35%~50%的能源浪费。空调、电力、给排水等现代建筑设备都有其自己的节能措施，但这些措施的最终效果如何？是否已经在最佳状态？这些问题很难马上有准确的答案。大厦里的设

备不是孤立的，一个点节能了，不等于整座建筑能耗就降低了，能耗下降了建筑物的舒适性是否跟着下降了？为了解决这些问题，西塔建设了能源管理智能化系统。

能源管理系统一般由计量装置、数据采集器及管理分析系统组成。计量装置用来度量各种不同类型的能耗，常用的有数字化的电表、水表、燃气表以及冷热量表等，这些数字化的计量装置能实时把计量数据传送到数据采集器然后再会聚到管理分析系统中。管理分析系统就能自动收集和记录各类建筑设备的耗能及相关环境数据，能够分组提供按时、日、月、年等能耗统计图表，帮助用户随时掌握能耗情况，及时发现能耗异常设备以及低效率运行设备，及时进行整改保证设备的良好运行状态。系统还能客观地反映各种节能措施以及设备运行参数对整体节能效果的影响，通过对比及推理分析，就能从中找出各种条件下设备的最佳运行参数，避免凭经验办事，提高建筑管理运行及决策的科学化水平。

跳跃在智慧城市上的音符

如今的智能建筑早已不局限于一栋一栋的“智能大厦”，占地 10 万米 ^{2} 的城市综合体可以是智能建筑，方圆一千米的生活小区可以是智能小区，有人甚至认为：城市也是人建设出来的，智慧城市就是一个超大型的智能建筑。

当然，一座智慧城市运行管理的复杂程度是智能建筑不可比的，但从技术上看，两者智能化建设的技术路线和目标却是一致的，这就是：信息技术广泛使用，数据广泛共享，效率广泛提高，幸福感广泛增强，低碳、环保、节能。如果智慧城市是一个人，智能建筑就是他躯体上的细胞；如果智慧城市是一谱乐章，智能建筑就是跳跃的音符。

智能建筑作为人们高度聚集工作及生活的场所，也是信息密集产生和消费的场所。智能建筑里的各种传感器不仅可以作为大厦的感知设备，更可作为智慧城市的感知终端，智慧城市的智能控制功能也可以通过智能建筑的执行机构完成。随着技术进步与智慧城市建设的发展，越来越多的新技术也会融合到建筑的智能化系统中。

朋友们都有过到图书馆借书的经历吧。在分类书架上“逐行扫描”去寻找自己需要的图书是需要充分的耐心和一点点运气的事情。如果有捣蛋鬼把你要找的电脑图书随手放到美食书架上，估计就要悲剧了，你找不到书，书也找不到你。

物联网是智慧城市感知层的重要组成部分。利用物联网技术，找书将变得相当轻松愉快，因为装有传感器的智能书架能够通过书本上的智能芯片了解到它肚子里有什么书，同时书架把它了解的信息通过 IP 网络向馆藏系统汇报。我们通过馆藏系统检索图书时，就能准确知道图书现在所在的位置，配备了机械手还能把图书送到你的面前。

延伸阅读

什么是物联网

物联网是一个基于互联网、传统电信网等信息承载体，让所有能够被独立寻址的普通物理对象实现互联互通的网络。简单地说就是把互联网延伸到物品之间进行信息交换和通信的网络。

通过物联网可以用计算机查找联网物品的位置，对机器、设备进行集中管理、控制，如：可以对家庭设备、汽车进行遥控，以及搜寻位置、防止物品被盗等各种应用。在智慧城市建设中，物联网将是城市感知层的重要组成部分。

现在的智能建筑虽然建设了综合布线系统，但在使用时还是要区分这个插座是电话的那个插座是电脑的，如果要改变用途还需要通知管理人员去“跳线”。有线电视更是自立门户，综合布线系统之外还要多上一组同轴电缆。这种现象是由于语音网、视频网以及数据网采用了互不兼容的传输标准。

在智慧城市建设中，三网融合已经是绕不开的话题，事实上无论是以电话为代表的语音网，还是以电视为代表的视频网，现在已经完全实现了数字化，完全可以在数据网传输，三网合一已经不存在技术障碍。各大通信运营商各自的传输网络在多年前也已经进行了 NGN（下一代网络）改造，

NGN 采用分组交换作为统一的业务承载方式，能够在统一的网络上承载语音、视频以及各种数据通信业务。

从智能电视、IPTV 等产品和应用的迅速走红，我们可以感受到三网融合的坚定步伐。到那时候，随便一个信息接口

接上电话机就可以打电话，接上电脑就可以上网，接上电视机就可以看电视，我们的生活将更方便和高效，智能建筑里的通信线路将更简洁和易于管理。

建筑的发展史也是人类文明的进步史，从巢居到茅棚，从平房到钢筋水泥大厦，人类的建筑随着文明的发展踏上了一个又一个的台阶。信息时代催生了智能建筑，为我们带来了前所未有的安全、高效与舒适的生活环境，智能建筑的发展将为智慧城市绽放出更绚丽的智慧火花！